AUSSAATTAGE 2022

MIT PFLANZ-, HACK- UND ERNTEZEITEN
SOWIE GÜNSTIGEN ARBEITSTAGEN
FÜR DIE BIENENHALTUNG 2022

AUS DER KONSTELLATIONSFORSCHUNG
ERARBEITET UND ZUSAMMENGESTELLT
VON TITIA THUN UND FRIEDRICH K. W. THUN

NACH MARIA THUN

Herausgabe:

Titia Thun und Friedrich K. W. Thun

ISBN 978-3-928636-73-5

D-35216 Biedenkopf/Lahn, Rainfeldstraße 16

Printed in Germany

Jahrgang 60

Herstellung: Friedrich-Druck GmbH, 35581 Wetzlar

Aus dem Inhalt	**Seite**

Bäume im Frühling

Walter Thun

„Bäume im Frühling" von Walter Thun ist eins der späteren Werke des Künstlers. Zwar ist weder auf dem Bild, noch auf zugehörigen Unterlagen ein Entstehungsdatum vermerkt, das Bild spricht jedoch ganz mühelos für sich selbst. Der Umgang von Walter Thun mit Farbe und Form wurde in seinen späteren Jahren deutlich freier und in seinen Darstellungen abstrakter. Viele dieser späteren Werke zeichnen sich durch den starken Ausdruck hinter Farbe und Form aus.

Das gesamte Bild wird von dem strahlenden Mittelpunkt eingenommen. Form und Farbe spielen Hand in Hand miteinander, unterstützen sich auf sanfte und zugleich sehr selbstsichere Weise und schaffen ein sehr klares, starkes Bild. Die Elemente Luft und Erde wirken durch die ganze Darstellung. Erde bildet dabei mit den Felsen und Baumstümpfen im Vordergrund das Fundament, das über den zentralen Baum mühelos in Kontakt mit dem Luft-Licht-Element tritt. Das Strahlen, das das ganze Bild erfüllt, nimmt dabei den Anfang im erdigen Wurzelbereich des namengebenden Baumes und strahlt von da aus in jeden Winkel. Walter Thun erschafft damit ein vollkommen harmonisches Bild. Auch wenn Erde und Luft-Licht wie ein Gegensatz zu klingen scheinen, verbindet Walter Thun sie auf natürliche und sanfte Weise. Selbst die Kontraste, die das Bild so lebendig machen, wie etwa das Aufeinandertreffen von gelb und blau oder dem grünen Gras auf rotbraunem Grund, fügen sich freundlich zusammen. Der durch die Baumstümpfe im Vordergrund erzeugte dunkle Rahmen und die Blautöne im Hintergrund, vermitteln das Gefühl in einen intimen Raum einzudringen. Der lichte Baum im Zentrum wird für den Betrachtenden zu einem heiligen Geheimnis. Selbst wenn einen noch einige Felsen von dem Baum trennen, scheint einem der Weg nicht schwer und das Ziel nicht weit entfernt. Das hinter den toten Bäumen sprießende Grün verspricht bereits: der Weg wird gut; er ist Leben.

Die Abbildung auf Seite 5 steht als Reproduktion in der Größe 40x50 cm zur Verfügung.

Walter Thun, Bäume im Frühling, Öl, Jahr unbekannt, 47 x 61 cm

Einleitung

Dieses Jahr erscheinen die Aussaattage zum 60. Mal im deutschsprachigen Raum. Zwar ist die 60 keine klassische Jubiläumszahl, trotzdem wollen wir die Gelegenheit nutzen und uns für die Treue unserer Leserinnen und Leser bedanken. Trotz unzähliger Mondkalender, die es inzwischen auf dem Markt gibt, erreichen uns regelmäßig liebevoll gestaltete Briefe und freundliche Worte aus aller Welt. Die Reaktion vieler Leserinnen und Leser auf die Aussaattage 2021 und den darin beschriebenen Abschied von Matthias Thun war so warm und freundlich, dass uns beim Lesen das Herz aufgegangen ist. Zwar finden wir nicht immer die Zeit direkt auf solche herzlichen Nachrichten zu antworten, schließlich wollen wir den Briefen auch gerecht werden, doch sie werden gelesen und bedeuten uns sehr viel. Gerade in Umbruchszeiten wie diesen ist es ein Seelenheil zu wissen wie viele Menschen man im Rücken hat.

2021 war für uns ein arbeitsreiches Jahr. Neben der Auseinandersetzung mit einigen wichtigen Themen bezüglich des ganzen Verlagsapparats, der Arbeit unserer Großmutter und unseres Vaters haben wir auch im wortwörtlichen Sinne unser kleines Forschungszentrum für uns wiederentdeckt. Einiges braucht Zeit, dazu gehören das Gewinnen von Verständnis und Einsicht. In den Aussaattagen 2021 haben wir darauf hingewiesen, dass wir uns die Zeit nehmen werden Themen und Arbeiten unserer Großmutter für uns zu erarbeiten. Wir können entsprechend dieses Jahr noch nicht von eigenen Versuchen berichten. Wir sind noch dabei uns weitere Grundlagen zu erarbeiten, Flächen zu reaktivieren und Gebäude instand zu setzen. Unter anderem das Atelier von Walter Thun wurde wieder frei geräumt und hat Schätze zutage gebracht. In einem Text ab Seite 52 gehen wir weiter darauf ein.

Dass diese Art von Texten für die Aussaattage eher ungewöhnlich sind, ist uns bewusst, wir hoffen jedoch, einige unserer Leser finden trotzdem Gefallen daran auch den einen oder anderen Text zu Walter Thun zu lesen, bis wir die Versuche von Maria Thun wiederholt, aufgearbeitet und weitergeführt haben, um davon zu berichten.

Davon abgesehen behandeln wir in den Aussaattagen dieses Jahr noch einmal verstärkt Bäume und Wälder. Ein Text, der bereits im letzten Jahr in den Aussaattagen zu lesen war – es geht um Apogäum und Perigäum – wird noch einmal in den Aussaattagen zu finden sein, damit auch Leser, die die Aussaattage 2021 nicht gelesen haben, die veränderte Darstellung unseres Kalendariums nachvollziehen können.

Eine weitere Veränderung der Aussaattage dieses Jahr sind die Feiertage. Wir haben uns entschlossen die Feiertage, die nicht wichtig für den Fruchtorganimpuls sind, also nach den Versuchen, die Maria Thun durchgeführt hat, keinen Einfluss auf das Pflanzenwachstum haben, zum größten Teil aus dem Kalendarium zu entfernen. Wir hoffen auf das Verständnis unserer Leserinnen und Leser.

Wälder, Bäume und Planeten

Aufgrund der aktuellen Lage haben wir uns dazu entschieden noch einmal Bäume zu einem zentralen Thema der Aussaattage zu machen. Die Fragen, die wir zu diesem Thema bekommen, haben sich, vor allem in den letzten Jahren, sehr gehäuft. Insbesondere in den letzten, wärmeren und wasserärmeren Jahren wurde das Waldsterben wieder in das Bewusstsein der Allgemeinheit gerückt; nicht nur für Waldbauern, auch in den Medien überall auf der Welt. In Deutschland waren wir dabei vor allem betroffen von dem, durch Borkenkäfer wie den Buchdrucker (Ips typographus) beschleunigten, Fichtensterben, aber auch die für so sicher gehaltenen Buchen hatten große Probleme. In beiden Fällen war der Wassermangel ein fataler Faktor. Dem Borkenkäfer wird es mit den Fichten unter anderem durch dicht gepflanzte Fichtenplantagen ohne nennenswerte Biodiversität sehr leicht gemacht. Ist ein Baum einmal befallen können die Käfer von diesem Baum einfach zum nächsten fliegen, um ohne jede Anstrengungen ihr nächstes „Opfer" zu suchen. Das fehlende Wasser nimmt den Fichten jedoch ihre Möglichkeiten sich selbst zu verteidigen. Zur Abwehr gegen Schädlinge setzen Bäume in vielen Fällen Harz ein, das jedoch nur mit ausreichend Flüssigkeit gebildet werden kann. Ein weiterer wichtiger Faktor ist die Verwurzelung, bzw. wie gut der Baum dazu in der Lage war entsprechend gesund zu wurzeln, ob er mit beschnittenen Wurzeln gepflanzt wurde, durch Naturverjüngung aufwachsen konnte, wo der Samen gefallen ist und wann all das genau passiert ist. Viele dieser Kriterien spielen auch bei den Rotbuchen eine wichtige Rolle. Ein aktuelles Problem, das durch die Trockenheit aufgetreten ist, sind die vertrockneten Feinwurzeln, die den Baum, selbst wenn wieder mehr Wasser zur Verfügung stand, einfach haben verdursten lassen.

Fortsetzung auf Seite 45

Frischer Borkenkäferbefall einer Fichte.

Von Borkenkäfern in die Ringe gegrabene Brutgänge.

Mond in Erdferne – Ag

Die Entfernung des Mondes zur Erde wird von uns traditionell durch Pg (Perigäum, Erdnähe) und Ag (Apogäum, Erdferne) angegeben. Beides hat einen massiven Effekt auf das Pflanzenwachstum. Erdnähe wurde bei uns immer als eine gestrichene Zeit gekennzeichnet, Erdferne als eine Blütezeit. Seit letztem Jahr machen wir den Unterschied zwischen einer echten Blütezeit (durch den Mond in einem der lichten Sternbilder oder ein Lichttrigon) und einer Ag-Blütezeit auch im Kalendarium deutlich.

Der Einfluss des Mondes auf die Pflanze zeigt sich einmal durch das Sternbild, in dem er steht und das über ihn auf die Pflanze wirken kann, zusätzlich jedoch auch durch die eigene Bewegung des Mondes. Der Mond bewegt sich in einer elliptischen Laufbahn um die Erde auf sie zu und wieder von ihr weg. Ist er der Erde am nächsten, wirkt er auf die Pflanze wie eine Kraft, die sie nach unten drängt. Der Fokus der Pflanze liegt ganz in der Wurzel, sie wird bildlich gesprochen in die Knie gezwungen. In den Versuchen von Maria Thun hat sich daher auf das Pflanzenwachstum eine sehr hemmende Wirkung gezeigt, weshalb diese Zeiten in unserem Kalender als gestrichen markiert sind. Aussaaten, die zu dieser Zeit gemacht werden, die das Streben zum Licht brauchen, keimen unter diesem Einfluss schlecht. Die Pflanzen werden sehr gestaucht, wollen nicht aufgehen und haben zunehmend mit Pilz- und Schädlingsbefall zu kämpfen. Pflanzen, die bei Erdnähe bearbeitet werden, neigen vermehrt dazu, keimunfähige Samen zu produzieren.

Bewegt sich der Mond wieder in seiner Laufbahn von der Erde weg, löst sich auch dieser Effekt auf die Pflanze wieder. Die Wirkung kehrt sich auf gewisse Weise um, wenn der Mond die Erdferne erreicht. So weit von der Erde entfernt zieht der Mond die Pflanzen bildlich gesprochen mit sich hoch. Für Samenpflanzen kann das günstig sein. Die meisten Wurzel- und Blattpflanzen reagieren jedoch sehr negativ auf Saaten oder Bearbeitungen zu dieser Zeit, eine Ausnahme zeigt sich in der Kartoffel.

Was die Erdferne in den Pflanzen auslöst, die Art, auf die die Erdferne auf Pflanzen wirkt, ähnelt Blütezeiten. Die Pflanze strebt nach oben, sie verhält sich ähnlich einer Pflanze, die in einem Lichtbild bearbeitet oder gesät wurde, es ist jedoch nicht das Gleiche. Die Wirkung eines Lichtbildes auf die Pflanze ist eine Verstärkung. Die Pflanze wird dazu angehalten eine kräftige und vitale Blüte zu entwickeln, die lange anhält. Wurzel- und Blattwerk sowie die Samenbildung werden jedoch nicht unterdrückt, sie werden lediglich nicht auf diese Weise unterstützt. Das Streben der Pflanze gilt der Blüte. Anders bei dem Einfluss vom Mond in Erdferne. Von außen betrachtet mag der erste Effekt der Gleiche sein, jedoch mit grundlegenden Unterschieden.

Für ein gesundes Wachstum sind bei jeder Pflanze, ganz gleich wo der Fokus der Pflanze liegt, Wurzeln, Blätter, Blüten und Früchte wichtig. Auch das Kraut der Kartoffel muss wachsen können, der Salat braucht eine Wurzel, der Apfelbaum muss blühen und die Rose ihre Hagebutten ausbilden. Selbst in eine Richtung hin durch den Mond in einem bestimmten Sternbild, oder durch ein Trigon, unterstützt, ergibt sich ein harmonisches Zusammenspiel all dessen. Der Effekt von Erdferne oder Erdnähe des Mondes bedient diese Harmonie nicht. Der Mond befindet sich zu diesen Zeiten in einem Extrem. Er streckt oder drängt die Pflanze und beeinflusst sie einseitig. Das ist für keine Pflanze optimal. In Erdferne, Ag, wirkt er auf Blüte und Frucht jedoch am wenigsten negativ.

Im Kalendarium sind die Ag-Zeiten aus genau diesem Grund, wenn nicht ohnehin durch ein Sternbild Wärme- oder Lichtkräfte wirken, als blütenähnliche Tage angegeben. Die negative Wirkung, die Ag hat, bezieht sich vor allem auf Wurzel und Blatt, weshalb entsprechende Pflanzen an diesen Tagen nicht bearbeitet werden sollten. Durch die Ähnlichkeit zu lichten Einflüssen eignen sich diese Tage noch am besten für Arbeiten mit Blütenpflanzen. Der Schaden ist in diesen Fällen am geringsten. Optimal und in jedem Fall empfehlenswert ist die Bearbeitung von Blütenpflanzen jedoch an echten Blütetagen, an denen der Mond in Zwilling, Waage oder Wassermann steht oder ein Lichttrigon wirkt. Für Arbeiten, bei denen es gezielt um den Impuls eines Lichtbildes geht, wie etwa beim Umgang mit Ölpflanzen, wird Erdferne keinen Ersatz für eine echte Blütezeit bieten.

Ölpflanzen wie die Sonnenblume sollten zu echten Blütezeiten gesät und gepflegt werden, um auf eine hohe Ölqualität hinzuarbeiten.

Einleitung für neue Leser der „Maria Thun®-Aussaattage"

Seit nunmehr 68 Jahren machen wir Versuche in der Fragestellung der Wirkung kosmischer Rhythmen und Konstellationen in der Landwirtschaft, Gärtnerei und in spezieller Weise auch im Leben der Bienen.

Die Ergebnisse dieser Forschung geben die Grundlage für die Empfehlungen in den jährlich erscheinenden „Maria Thun®-Aussaattagen". Da wir nicht alle neuen Erkenntnisse in dieser kleinen Schrift bringen können, haben wir verschiedene Bücher geschrieben, mit denen wir den Leser auf den Seiten 64/65 bekannt machen.

Über wichtige Schritte innerhalb dieser langen Zeit wollen wir sie kurz informieren. Ausführlich finden Sie die Ergebnisse in den erwähnten Schriften beschrieben.

Bei Radiesaussaaten, die im Frühjahr 1952 über zehn Tage hinweg vorgenommen wurden, fand ich erhebliche Unterschiede im Wachstum der Pflanzen. Das regte mich an, unter gleichen Bedingungen über viele Wochen hinweg Radieschen auszusäen.

Da ich die Unterschiede nicht erklären konnte und den im Wachstum wirkenden Impuls nicht kannte, setzte ich die Arbeit im nächsten Jahr fort. Ich vermutete, dass die Unterschiede durch kosmische Rhythmen hervorgerufen wurden. So begann ich, mich mit Astronomie zu befassen.

Nach einigen Jahren wusste ich, dass die Unterschiede dann entstanden, wenn ich Bodenbearbeitung und Aussaat am gleichen Tag machte. Wenn ich ein großes Beet von etwa zehn Metern Länge saatfertig hatte und über Wochen täglich eine Reihe Radiessamen hineinlegte, waren die Unterschiede bei den Pflanzen weit kleiner, als wenn ich täglich den Boden neu bearbeitete und dann säte.

Die Blätter zeigten beachtliche Unterschiede in der Form. Wenn ich aber in Trockenzeiten die Pflanzen bewässerte, waren alle Blätter, die neu wuchsen, einheitlich. Das waren zwei grundlegende Erfahrungen, die zu berücksichtigen waren, wenn ich zu den Ursachen der Ergebnisse vordringen wollte.

Nach neun Jahren konnte ich die ersten Ergebnisse veröffentlichen. Inzwischen wusste ich Folgendes: Wenn ich den Boden spatentief bearbeitete, wurden kosmische Impulse im Boden aktiviert, die von den Samen aufgegriffen wurden und in der Gestaltung der Pflanze zum Ausdruck kamen. Sie gingen aus von den Sternbildern des Tierkreises und wurden vom Mond auf die Erde vermittelt. Er benutzte die klassischen Elemente Erde, Wasser, Luft/Licht und Wärme für seine Wirksamkeit. Da aber diese Elemente ihren Ursprung in den Sternbildern des Tierkreises haben, können bei Vorbeigang des Mondes an den entsprechenden Sternbildern über den Zeitpunkt der Aussaat unterschiedliche Impulse in der Pflanze zur Wirksamkeit kommen.

Im Laufe der Jahre fanden wir neue kosmische Wirksamkeiten. Sie gingen von den Wandelsternen, also den Planeten aus und differenzierten ebenfalls das Pflanzenwachstum.

Nun gab es neben den für die Pflanze günstigen kosmischen Impulsen auch ungünstige Saatzeiten. Als Folge traten während des Wachstums Schädlinge auf oder die Pflanzen entwickelten Samen, die nicht keimfähig waren.

Auch erkannten wir, dass das Spritzen der biologisch-dynamischen Präparate nur unter günstigen kosmischen Bedingungen das Wachstum der Pflanzen förderte, zu ungünstigen Zeiten angewandt aber hemmend und qualitätsmindernd wirkte.

So stellen wir in den „Maria Thun®-Aussaattagen" die Empfehlungen für die Aussaat, die Pflege und Hackarbeiten, sowie die Präparateanwendung und Ernte in die günstigen Gesetzmäßigkeiten des kosmischen Umkreises und können dann mit guten Erträgen und bester Nahrungsqualität der Pflanzen rechnen.

Was sind Oppositionen, Trigone oder Konjunktionen?
Die Opposition ☍

Während geozentrischer Oppositionen steht der Betrachter auf der Erde und im kosmischen Umkreis stehen sich zwei Planeten in einem Winkel von 180° gegenüber. Sie schauen sich an, ihr Blick durchdringt sich. Ihre Strahlen fallen auf die Erde und regen die Samen, die jetzt gesät werden, zu besserem Wachstum an. Bei den Versuchen haben wir von diesen Aussaaten besonders hohe Erträge mit bester Qualität.

Zu heliozentrischen Oppositionen müsste der Betrachter eigentlich auf der Sonne stehen, aber da dies nicht möglich ist, muss versucht werden, ein Verständnis dafür zu finden. Jetzt ist die Sonne Mittelpunkt und in ihrem Umkreis stehen zwei Planeten in einem Winkel von 180°. Sie schauen sich ebenfalls an. Ihre Strahlungen werden aber auch von der Erde und der Pflanzenwelt wahrgenommen und befeuern die Pflanzen zu besserem Wachstum.

In der Opposition wirken immer zwei Sternbilder des Tierkreises positiv mit. Steht dabei ein Planet vor einem Wärmebild, ist der andere vor einem Lichtbild oder umgekehrt. Steht der eine Planet vor einem wässrigen Bild, befindet sich der andere vor einem Bild des Erdenelementes. In der Wetterbildung registrieren wir ein „Hoch", das auch die Menschen positiv beeinflusst.

Das Trigon ▲

Im Trigon haben wir die Stellung von zwei Planeten in einem Winkel von 120°. Zwei Planeten stehen vor dem gleichen Kräftetrigon, aber vor unterschiedlichen Sternbildern, zum Beispiel vor Widder und Löwe. Beides sind Wärmesternbilder. Wir haben ein Wärmetrigon, das bei Pflanzen, die an diesem Tag gesät werden, eine gesteigerte Wirkung der Frucht- und Samenbildung erzeugt.

Stehen zwei Planeten vor wässrigen Sternbildern im Trigon, wird das wässrige Element gesteigert. Dies ergibt meist höhere Niederschläge. Die Pflanzen, die wir dann säen, bringen höhere Blatterträge als die von den Nachbartagen. Diese Trigonwirkungen können das Wachstum der Pflanzen verändern.

Konjunktionen und Konjunktionshäufungen ☌

In der Konjunktion oder bei Konjunktionshäufungen stehen zwei oder mehrere Planeten hintereinander in der Richtung zum Weltall. Meist kommt dann nur der, welcher der Erde am nächsten steht, mit seinen Kräften auf der Erde und für die Pflanzenwelt zur Wirksamkeit. Ist er in seiner Kräftewirkung stärker als der siderische Mond dieses Tages, gibt es kosmische Unstimmigkeiten, die die Pflanze irritieren und sich in Wachstumshemmungen auswirken. Die nachteilige Wirkung wird noch gesteigert, wenn der Mond oder ein Planet den anderen bedeckt, dann sprechen wir von einer Finsternis (●). Diese Aussaatzeit behindert das reguläre spätere Wachstum der Pflanze und schädigt ihre Regenerationskraft.

Saatzeiten für Bäume und Sträucher 2022

18.07.	Erle, Lärche, Ulme, Pfirsich, Aprikose
20.07.	Esche, Hasel, Tanne, Zeder, Fichte, Eberesche, Mirabelle, Mirabellane, Weißdorn
09.08.	Birne, Birke, Kastanie, Kirsche, Marone
14.08.	**ab 4** Esche, Hasel, Fichte, Eberesche, Mirabelle, Mirabellane, Hainbuche, Buche, Kiefer, Tanne, Thuja, Wacholder, Palme, Quitte, Pflaume, Zwetschge, Schlehe, Zeder
21.08.	Erle, Lärche, Ulme, Pfirsich, Aprikose, Magnolie
28.08.	Birne, Birke, Kastanie, Kirsche, Marone, Fichte, Hainbuche, Buche, Kiefer, Tanne, Thuja, Wacholder, Palme, Quitte, Pflaume, Zwetschge, Schlehe, Zeder
03.09.	Erle, Lärche, Ulme, Pfirsich, Aprikose, Ahorn, Apfel, Marone, Walnuss, Olive, Reneklode, Blutbuche, Rotbuche
16.09.	Esche, Hasel, Tanne, Zeder, Fichte, Eberesche, Mirabelle, Mirabellane,
18.09.	Erle, Lärche, Ulme, Pfirsich, Aprikose, Ahorn, Apfel, Marone, Walnuss, Olive, Reneklode, Blutbuche, Rotbuche
24.09.	Birne, Birke, Kastanie, Kirsche, Marone, Magnolie
26.09.	Esche, Hasel, Tanne, Zeder, Fichte, Eberesche, Mirabelle, Mirabellane, Ahorn, Apfel, Marone, Walnuss, Olive, Pfirsich, Aprikose, Reneklode, Blutbuche, Rotbuche
12.10.	**ab 10** Erle, Lärche, Ulme, Pfirsich, Aprikose, Ahorn, Apfel, Marone, Walnuss, Olive, Reneklode, Blutbuche, Rotbuche
05.11.	Birne, Birke, Kastanie, Kirsche, Marone, Schwarze Johannisbeere, Salweide, Schneeball, Pappel, Flieder
29.11.	Erle, Lärche, Ulme, Pfirsich, Aprikose, Eibe, Eiche, Kastanie, Kirsche, Marone
01.12.	Birne, Birke, Kastanie, Kirsche, Marone, Eibe, Eiche
08.12.	**ab 7** Esche, Hasel, Tanne, Zeder, Fichte, Eberesche, Mirabelle, Mirabellane, Eibe, Eiche, Kastanie, Kirsche, Marone

Bei den hier angegebenen Zeiten handelt es sich um Saatzeiten, also das Auslegen von Samen der Bäume oder Sträucher, nicht um das Auspflanzen schon vorhandener Pflanzen. Für nicht genannte Bäume und Sträucher gibt es in diesem Jahr keine besonderen Saatzeiten. Hier kann man den Fruchtungstyp des Baumes oder Strauches berücksichtigen und zu den entsprechenden Mond-Tierkreis-Zeiten aussäen.

Der Tierkreis

Walter Thun

Diese Abbildung zeigt im äußeren Kreis die Abmessungen der am Himmel sichtbaren Sternbilder mit dem jeweiligen Übergang der Sonne vor das nächste Sternbild. Die Übergänge schwanken zum Teil, hervorgerufen durch die Schalttage, um einen Tag. Der innere Kreis hat die alte 30°-Einteilung in zwölf gleiche Abschnitte aus der Astrologie.

Der Tierkreis ist das Sternbildband, vor dem der Mond und alle Wandelsterne ihre Bahnen ziehen. Im Vorbeigang werden Kräfte angeregt, die auf der Erde eine Auswirkung zeigen.

Die Trigone

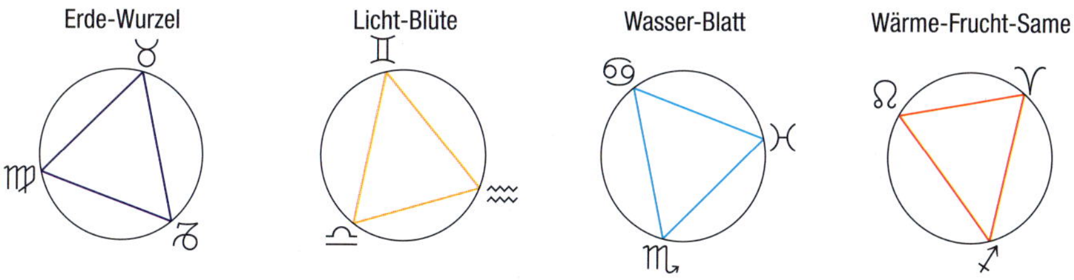

Bei 120°- Stellungen sprechen wir von Trigonen. Der Mond kommt etwa alle neun Tage vor ein gleiches Kräftetrigon, so regen wir über Hackarbeiten oder Kieselspritzungen, die wir im Trigonrhythmus durchführen, den Impuls des Saattages neu an.

Der siderische Mond

Der Mond zieht bei seinem 27-tägigen Umlauf um die Erde an den zwölf Regionen des Tierkreises vorbei und vermittelt Kräfte auf die Erde, die sich über die klassischen Elemente auswirken. Sie bewirken in der Pflanze Fruchtung in vier verschiedenen Organbereichen. Durch den Zeitpunkt von Aussaat, Pflegearbeiten und Ernte können wir Wachstum und Gesundheit der Pflanze fördern.

In verwandter Weise wirken diese Kräfte im Bienenvolk. Das Bienenvolk schließt sich in Korb oder Kasten nach außen ab, indem es mit Kittharz alles abdichtet. Öffnen wir nun die Bienenbehausung, um Pflegemaßnahmen durchzuführen, entsteht im Bienenvolk ein gewisses „Durcheinander“. In diese Unruhe hinein kann ein neuer kosmischer Impuls wirken, wegweisend für die Bienen bis zur nächsten Pflegearbeit.

Fassen wir die Gesetzmäßigkeiten, wie sie sich uns bei den Pflanzenversuchen, in der Bienenpflege und in der Wetterbeobachtung ergaben, in einem Schema zusammen:

Sternbild	Zeichen	Element	Kleinklima	Pflanze	Biene
Fische	♓	Wasser	wässrig	Blatt	Honigpflege
Widder	♈	Wärme	warm	Frucht	Nektartracht
Stier	♉	Erde	kühl/kalt	Wurzelfr.	Wabenbau
Zwillinge	♊	Licht	luftig/hell	Blüte	Pollentracht
Krebs	♋	Wasser	wässrig	Blatt	Honigpflege
Löwe	♌	Wärme	warm	Frucht	Nektartracht
Jungfrau	♍	Erde	kühl/kalt	Wurzelfr.	Wabenbau
Waage	♎	Licht	luftig/hell	Blüte	Pollentracht
Skorpion	♏	Wasser	wässrig	Blatt	Honigpflege
Schütze	♐	Wärme	warm	Frucht	Nektartracht
Steinbock	♑	Erde	kühl/kalt	Wurzelfr.	Wabenbau
Wassermann	♒	Licht	luftig/hell	Blüte	Pollentracht

Die Einzelimpulse schwanken zwischen zwei und vier Tagen. Dieses Grundgerüst wird zuweilen unterbrochen. So können z.B. Planetenoppositionen einzelne Tage durch verändernde Impulse überlagern oder Trigonstellungen ein anderes Element aktivieren, als es der Mond an diesem Tag vermittelt. Auch Tage, an denen der Mond die Ekliptik auf- oder absteigend schneidet (☊ ☋), bringen meist negative Wirkungen, die noch gesteigert werden, wenn zwei Wandler sich an den Schnittpunkten ihrer Bahnen, die Knoten genannt werden, treffen. In solchen Fällen entstehen Finsternisse oder Bedeckungen, wobei von dem erdnäheren Wandler die Wirkung des erdferneren unterbrochen oder verändert wird. Solche Zeiten sind ungeeignet für Saat und Ernte.

Zuordnungen der Pflanzen für Aussaat, Pflege und Ernte

Die Kulturpflanze lebt sich dar, indem sie einzelne Organe zur Frucht entwickelt. Wir können sie nach unseren Versuchserfahrungen in vier Gruppen einteilen.

Wurzelfrüchte zu Wurzeltagen

Fruchtbildung im Wurzelbereich finden wir bei Radieschen, Rettich, Kohlrübe, Zuckerrübe, Rote Bete, Sellerie, Möhre, Schwarzwurzel udgl. Auch Kartoffeln und Zwiebeln sind hier einzuordnen. Diese Tage bringen gute Erträge und beste Lagerqualität des Erntegutes.

Blattpflanzen zu Blatttagen

Fruchtbildung im Blattbereich haben wir bei fast allen Kohlarten, bei Salaten, Spinat, Rapunzel, Endivien, Petersilie, bei Blattkräutern und Futterpflanzen. Der Spargel gedeiht am besten bei Blatttagepflanzung und -pflege. Die Blatttage sind für Aussaat und Pflege dieser Pflanzen günstig, jedoch nicht für die Ernte von Lagerfrüchten und Tees. Für diese, wie auch die Ernte von Kohl für Sauerkrautherstellung, sind die Blüten- und Fruchttage vorzuziehen.

Blütenpflanzen zu Blütentagen

Diese Tage sind günstig für Aussaat und Pflege von allen Blütenpflanzen, aber auch zum Hacken und der Kieselanwendung bei Ölfrüchten wie Lein, Raps, Sonnenblume udgl. Wenn man Blumen für die Vase an Blütentagen schneidet, ist der Duft am intensivsten, sie bleiben lange frisch und die Restpflanzen bringen viele neue Seitentriebe. Trockenblumen, an Blütentagen geerntet, behalten die volle Leuchtkraft der Farben, von anderen Erntetagen verblassen sie bald. Ölfrüchte erntet man am vorteilhaftesten an Blütentagen. Auch Brokkoli hat sich für die Blütentage entschieden.

Fruchtpflanzen zu Fruchttagen

Zu dieser Kategorie gehören alle Pflanzen, die im Bereich des Samens fruchten, wie Bohne, Erbse, Linse, Soja, Mais, Tomate, Gurke, Kürbis, Zucchini udgl. wie auch Getreide für Sommer- und Winteranbau, die Aussaat von Ölfrüchten bringt dann die besten Samenerträge. Die beste Ölausbeute haben wir bei Pflegearbeiten an Blütentagen. Für den Anbau von Saatgut sind die Löwetage ♌ besonders gut geeignet. Fruchtpflanzen erntet man am besten an Fruchttagen, sie fördern die Lagerqualität und unterstützen die Regenerationskraft. Für Lagerobst wähle man zusätzlich die Zeit des aufsteigenden ◡ Mondes.

Ungünstige Zeiten

Ungünstige Zeiten, hervorgerufen durch Finsternisse, Knotenstellungen von Mond oder Planeten sowie negativ wirkende Konstellationen, sind im Kalendarium ausgelassen ----. Wenn man aus Zeitgründen gezwungen ist, an ungünstigen Tagen zu säen, kann man für die Hackarbeiten günstige Tage wählen und damit gute Verbesserungen erreichen.

Ebenfalls eher ungünstig wirkt Ag (Mond in Erdferne). Saaten oder Bearbeitungen von Blütenpflanzen sind von den negativen Auswirkungen durch Ag jedoch am wenigsten beeinträchtigt.

Zum Verständnis des Kalendariums

Immer wieder bekommen wir Anfragen, weil die Leser mit den Aufzeichnungen der Monatsseiten Schwierigkeiten haben. In den meisten Fällen wird nach den Zahlen gefragt. Dabei handelt es sich fast immer um die Tagesstunden. Bitte lesen Sie den Abschnitt „Zum Verständnis des Kalendarium" aufmerksam durch. Dort finden Sie Antworten auf solche Fragen.

Neben Datum und Wochentag ist das Sternbild benannt, vor das der Mond an diesem Tag geht, mit zusätzlicher Angabe der Tagesstunde. Er bleibt vor diesem Sternbild, bis ein neues Sternbild auftritt.

In den nächsten zwei Spalten sind Konstellationen eingetragen, die z.T. für das Pflanzenwachstum von Bedeutung sind.

In der folgenden Spalte ist vor allem für den Imker vermerkt, welches Element heute vom ☾ vermittelt wird. Wärmewirkungen bei Gewitterneigung sind nicht unter den Elementen genannt, sondern nur mit dem Zeichen ϟ angeführt.

In der kommenden Spalte ist das Fruchtorgan benannt, das über Aussaat und Pflegearbeiten an diesem Tage unterstützt wird und die genauen Stundenangaben. Ist hinter dem Fruchtorgan keine Stundenangabe, so wirkt es sich über den ganzen Tag aus.

Auf der äußersten Spalte rechts sind Neigungen zu Naturereignissen oder auch Wettererwartungen erwähnt, die die Großwetterlage stören und unterbrechen.

Wenn am gleichen Tag verschiedene Elemente angegeben sind, die dem Mondstand nicht entsprechen, handelt es sich nicht um Druckfehler, sondern um andere kosmische Konstellationen, die den Mond-Tierkreisimpuls überdecken und verändern und somit ein anderes Pflanzenorgan begünstigen.

Die Tagesstunden sind nach mitteleuropäischer Zeit (MEZ) angegeben und können in anderen Erdteilen auf die „Ortszeit" umgerechnet werden.

Die „SOMMERZEIT" ist berücksichtigt worden. Man muss nicht mehr 1 Stunde hinzurechnen.

Astronomische Zeichen / Sonstige Zeichen

Sternbilder	Planeten		Sonstige Zeichen
♓ Fische	☉ Sonne	Vollmond	St Sturmneigung
♈ Widder	♁ Erde	Neumond	ϟ Gewitterneigung
♉ Stier	♀ Venus	☊ aufsteig. Knoten	E Erdbebenneigung
♊ Zwillinge	☿ Merkur	☋ absteig. Knoten	K verkehrskritisch
♋ Krebs	♂ Mars	⌒ Mond absteig.	V Vulkanneigung
♌ Löwe	♃ Jupiter	◡ Mond aufsteig.	
♍ Jungfrau	♄ Saturn	Pg Erdnähe	
♎ Waage	⛢ Uranus	Ag Erdferne	
♏ Skorpion	♆ Neptun	Finsternis	Pflanzzeit
♐ Schütze	♇ Pluto	Finsternis	
♑ Steinbock	☍ Opposition	▲ Trigon	
♒ Wassermann	☌ Konjunktion	R Rückläufig	

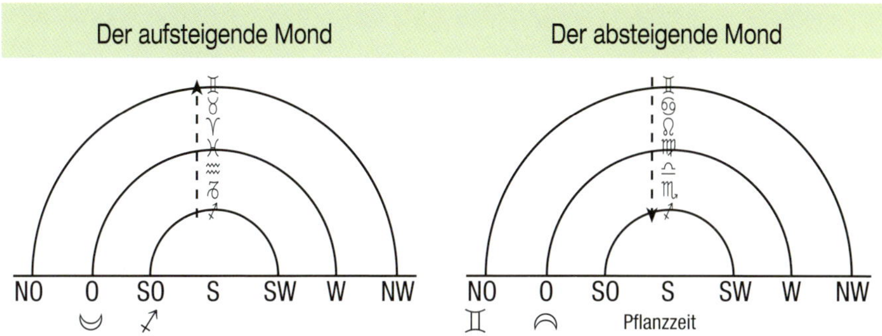

Ist der Mond an der Tiefststellung seiner Bahn vor der Sternbildregion Schütze angekommen, wird er aufsteigend. Er beschreibt täglich einen etwas größeren Bogen am Himmel. Seine Aufgangsorte verschieben sich in Richtung Nordosten und seine Untergangsorte Richtung Nordwesten. Er sollte nicht verwechselt werden mit dem zunehmenden Mond.

Während des aufsteigenden Mondes ist der Saftanstieg in den Pflanzen stärker. Die Pflanze ist in ihren oberen Teilen saft- und krafterfüllt. Die Zeit ist günstig für den Schnitt von Veredlungsreisern, auch hier kann man den Effekt steigern, wenn man bei Fruchtpflanzen zusätzlich die in diesem Zeitraum liegenden Fruchttage benutzt, bei Blütenpflanzen die entsprechenden Blütentage. Das Gleiche gilt für die Tage der Veredlungs- und Pfropfarbeiten. Während dieser Zeit geerntetes Obst bleibt im Lager länger frisch und saftig. Die Zeit ist auch geeignet zum Schlagen der Weihnachtsbäume, sie halten die Nadeln lange, der Duft ist am intensivsten vom Schnitt an Blütentagen.

Wenn der Mond am Höchstpunkt seiner monatlichen Bahn vor der Sternbildregion Zwillinge angekommen ist, wird er absteigend (⌒). Seine Bögen werden am Südhimmel täglich niedriger, die Aufgangsorte verschieben sich nach Südosten und die Untergangsorte nach Südwesten.

Auf der südlichen Erdhälfte sind die Verhältnisse umgekehrt (⌒⌣).

Unter Aussaat verstehen wir immer den Zeitpunkt, an dem wir den Samen in den Boden geben. Bringen wir dagegen Pflanzen von einem Standort zum anderen, sprechen wir vom Umpflanzen. Dies trifft zu, wenn Jungpflanzen vom geschützten Saatbeet an den endgültigen Platz ihres Wachstums gebracht werden, aber auch, wenn der Gärtner junge Pflänzchen zur Kräftigung der Wurzelentwicklung vielleicht sogar mehrmals verpflanzt, wie auch bei Obst-, Hecken- und Topfpflanzungen. Hier wählen wir den Zeitraum des absteigenden Mondes, der nicht verwechselt werden sollte mit den Lichtphasen des abnehmenden Mondes.

Während der Pflanzzeit wurzeln die Pflanzen gut und verbinden sich schnell mit dem neuen Standort. Man kann diesen Impuls für die einzelne Pflanzenart noch steigern, indem man aus dem Zeitraum der Pflanzzeit für Blattpflanzen die entsprechenden Blatttage (Krebs oder Skorpion), für Wurzelfrüchte wie Sellerie die Wurzeltage (Jungfrau), für Gurke oder Tomate die Fruchttage (Löwe) wählt, so hat man zu dem Bewurzelungsimpuls hinzu noch eine Förderung des Fruchtungstypes erreicht.

In diesem Zeitraum ist der Saftanstieg in den Pflanzen gering, deshalb ist er für Baum- und Heckenschnitt, zum Schlagen von Nutzholz, wie auch zum Düngen der Wiesen, Weiden und Obstanlagen zu empfehlen.

Aussaattage Januar 2022

Dat.	☾ v. Sternb.	Konstellat.	Element ☾	Fruchtorganimpuls durch ☾ oder Planeten	Neigung
1. Sa	♐ 22	☉–♐ Pg24 ▲	Wa/Wä	ab 1 - 11 Frucht ----------	
1. Woche					
2. So	♐	●20 ◡15	Wärme	--------- ab 13 Frucht #Pflanzzeit Ende 14	
3. Mo	♑ 22		Wä/Er	Frucht bis 21, ab 22 Wurzel	
4. Di	♑		Erde	Wurzel	St
5. Mi	♒ 20		Er/Li	Wurzel bis 19, ab 20 Blüte	
6. Do	♒		Licht	Blüte	E ♄ St
7. Fr	♓ 16		Li/Wa	Blüte bis 15, ab 16 Blatt	St
8. Sa	♓		Wasser	Blatt	
2. Woche					
9. So	♓		Wasser	Blatt	V St
10. Mo	♈ 16		Wa/Wä	Blatt bis 7 -------------	St
11. Di	♈	☿☊	Wärme	--------------- ab 21 Frucht	K V E
12. Mi	♉ 16		Wä/Er	Frucht bis 15, ab 16 Wurzel	
13. Do	♉	☊6	Erde	Wurzel bis 1 --------- ab 10 Wurzel	
14. Fr	♉	Ag11	Erde	Wurzel bis 1, 2 bis 14 Ag Blüte, ab 15 Wurzel	
15. Sa	♊ 17		Er/Li	Wurzel bis 16, ab 17 Blüte	
3. Woche					
16. So	♊	◠12	Licht	Blüte *Pflanzzeit Beginn 13	
17. Mo	♊		Licht	Blüte bis 24	St
18. Di	♋ 1	☉–♑ ○1	Li/Wa	Blatt ab 1	St
19. Mi	♌ 18		Wa/Wä	Blatt bis 17, ab 18 Frucht	
20. Do	♌		Wärme	Frucht	
21. Fr	♌		Wärme	Frucht	E St
22. Sa	♍ 12		Wä/Er	Frucht bis 11, ab 12 Wurzel	St
4. Woche					
23. So	♍		Erde	Wurzel	St
24. Mo	♍		Erde	Wurzel	
25. Di	♎ 22		Er/Li	Wurzel bis 21, ab 22 Blüte	
26. Mi	♎		Licht	Blüte	E St
27. Do	♏ 5	☋7	Li/Wa	Blüte bis 2 -------- ab 11 Blatt	
28. Fr	♏		Wasser	Blatt	
29. Sa	♐ 8		Wa/Wä	Blatt bis 7, 8 - 19 Frucht --------	St
5. Woche					
30. So	♐	Pg8 ◡1	Wärme	------- ab 21 Frucht #Pflanzzeit Ende 0	♄
31. Mo	♑ 9		Wä/Er	Frucht bis 8, ab 9 Wurzel	E St

Pflanzzeit

Die Tierkreissymbole beziehen sich auf die sichtbaren astronomischen Sternbilder, nicht auf die astrologischen Sternzeichen (siehe S. 13)

Merkur	Venus	Mars	Jupiter	Saturn	Uranus	Neptun	Pluto
♐	♐R	♏	♒	♑	♈R	♒	♐
1. ♑	29. ♐	22. ♐			18. ♈		
14. ♑R							

Notizen:

1. ______________________
   ____
2. ______________________
3. ______________________
4. ______________________
5. ______________________
6. ______________________
7. ______________________
8. ______________________
   ____
   ____
9. ______________________
10. ______________________
11. ______________________
12. ______________________
13. ______________________
14. ______________________
15. ______________________
    ____
    ____
16. ______________________
17. ______________________
18. ______________________
19. ______________________
20. ______________________
21. ______________________
22. ______________________
    ____
    ____
23. ______________________
24. ______________________
25. ______________________
26. ______________________
27. ______________________
28. ______________________
29. ______________________
    ____
    ____
30. ______________________
31. ______________________

Monatsbetrachtung Januar 2022

Mit Merkur und Saturn, die beiden Wärmeplaneten, im Steinbock, beginnt das Jahr voraussichtlich etwas kühler. Der Jupiter im Wassermann kann das mit klaren Nächten womöglich noch unterstützen. Der Mars, der aus dem wässrigen Skorpion vor den wärmenden Schützen tritt, vermag es womöglich der Kälte mit der Venus vor dem Schützen etwas entgegenzuhalten. Mit der Nässe, die der Mars womöglich bringt und der Kälte durch die erdigen Bilder, spricht einiges für einen weißen Januar. Erst Ende des Monats können wir durch den Merkur auf etwas Wärme hoffen.

Ein Hinweis: beachten Sie unsere Ausführungen zum Thema Ag-Blüte.

Pflanzzeit: 1.1., 0 Uhr bis 2.1., 14 Uhr und 16.1., 13 Uhr bis 30.1., 0 Uhr.

Diese Zeit ist auch geeignet für **Obstbaum-, Wein- und Heckenschnitt**, dabei für Fruchtpflanzen die Blüten- und Fruchttage bevorzugen.

Pflanzzeit südliche Erde: 2.1., 16 Uhr bis 16.1., 11 Uhr, und ab 30.1., 2 Uhr.

Frucht-Samen-Ernte südl. Erde: 2.1. 16 Uhr bis 3.1., 21 Uhr und 30.1., 21 Uhr bis 31.1., 8 Uhr.
Blüten-Samen-Ernte südl. Erde: 5.1., 20 Uhr bis 7.1., 15 Uhr.
Blatt-Samen-Ernte südl. Erde: 7.1., 16 Uhr bis 9.1., 24 Uhr.
Wurzel-Samen-Ernte südl. Erde: 3.1., 22 Uhr bis 5.1., 19 Uhr.
------ Zeiten auslassen.

Schneckenregulierung: 18.1., 1 Uhr bis 19.1., 17 Uhr

Für Biodynamiker, Herstellung der vegetabilischen Präparate nach Maria Thun®: In diesem Jahr haben wir Ende August bis Mitte September die Konstellationen für das Kamille-Präparat. Für die anderen Präparate haben wir keine Konstellationen.

Konstellationen zur Veraschung von Gefieder und Fellen rotblütiger Tiere siehe Seite 41.

Aussaattage Februar 2022

Dat.	☾ v. Sternb.	Konstellat.	Element ☾	Fruchtorganimpuls durch ☾ oder Planeten	Neigung
1. Di	♑	●2 ☉–♑	Erde	Wurzel	
2. Mi	♒ 7		Er/Li	Wurzel bis 6, ab 7 Blüte	
3. Do	♒		Licht	Blüte	
4. Fr	♓ 2		Li/Wa	Blüte bis 1, ab 2 Blatt	E St
5. Sa	♓		Wasser	Blatt	
6. Woche					
6. So	♓		Wasser	Blatt	K St
7. Mo	♈ 0	☌⛢	Wärme	Frucht ab 0 - 18 ------------	St
8. Di	♉ 23	▲	Wä/Er	Frucht 0 - 18, bes. gü. bis 22, ab 23 Wurzel	
9. Mi	♉	☊7	Erde	Wurzel bis 2 ----- ab 11 Wurzel	
10. Do	♉		Erde	Wurzel bis 18, ab 19 Ag Blüte	E St
11. Fr	♉	Ag4	Erde	Ag Blüte bis 7, ab 8 Wurzel bis 23	
12. Sa	♊ 0	⌒18	Licht	Blüte *Pflanzzeit Beginn 19	
7. Woche					
13. So	♊		Licht	Blüte	
14. Mo	♋ 8		Li/Wa	Blüte bis 7, ab 8 Blatt	
15. Di	♋	☉–♒	Wasser	Blatt bis 24	
16. Mi	♌ 1	○18	Wa/Wä	Frucht ab 1	
17. Do	♌		Wärme	Frucht bis 14 ------------	K St
18. Fr	♍ 18	☿☋	Wä/Er	--------------------------	
19. Sa	♍		Erde	---- ab 4 Wurzel	
8. Woche					
20. So	♍		Erde	Wurzel	St
21. Mo	♍		Erde	Wurzel	E St
22. Di	♎ 4		Er/Li	Wurzel bis 3, ab 4 Blüte	V St
23. Mi	♏ 11	☋8	Li/Wa	Blüte bis 3 ------ ab 12 Blatt	V St
24. Do	♏		Wasser	Blatt	
25. Fr	♐ 16		Wa/Wä	Blatt bis 15, ab 16 Frucht	♄ St
26. Sa	♐	◡8 Pg24	Wärme	Frucht bis 11 --------- #Pflanzzeit Ende 7	
9. Woche					
27. So	♑ 18		Wä/Er	-------- ab 13 Frucht bis 17, ab 18 Wurzel	
28. Mo	♑		Erde	Wurzel	E St

Pflanzzeit

Die Tierkreissymbole beziehen sich auf die sichtbaren astronomischen Sternbilder, nicht auf die astrologischen Sternzeichen (siehe S. 13)

Merkur	Venus	Mars	Jupiter	Saturn	Uranus	Neptun	Pluto
♐ R	♐	♐	♒	♑	♈	♒	♐
4. ♐						11. ♓	
13. ♑							

Notizen:

1.
2.
3.
4.
5.

6.
7.
8.
9.
10.
11.
12.

13.
14.
15.
16.
17.
18.
19.

20.
21.
22.
23.
24.
25.
26.

27.
28.

Monatsbetrachtung Februar 2022

Mit den drei uns nächsten Planeten im Schützen verspricht der Februar schon etwas wärmer zu werden. Wie lange diese Wärme anhält bleibt abzuwarten, nachdem der Merkur Mitte des Monats wieder in den erdigen Steinbock wechselt.

Pflanzzeit: 12.2., 19 Uhr bis 26.2., 7 Uhr.

In der Pflanzzeit könnten **Wein, Obstbäume und Hecken** beschnitten werden. Dafür sind die Blüten- und Fruchttage am günstigsten.
------- Zeiten auslassen.

Pflanzzeit südliche Erde: 1.2., 0 Uhr bis 12.2., 17 Uhr und ab 26.2., 9 Uhr.

Frucht-Samen-Ernte südl. Erde: 7.2., 0 Uhr bis 8.2., 22 Uhr, sowie an den anderen Fruchttagen.
Blüten-Samen-Ernte: 2.2., 7 Uhr bis 4.2., 1 Uhr und an den anderen Blütentagen, ----- auslassen.

Schneckenregulierung: 14.2., 8 Uhr bis 15.2., 23 Uhr.

Schnitt von **Weidenstecklingen für Zäune** und **Hecken:** an Blütentagen außerhalb der Pflanzzeit. In warmen, sehr frühen Lagen in der Pflanzzeit, um zu starken Saftaustritt zu vermeiden.

Aussaattage März 2022

Dat.	☾ v. Sternb.	Konstellat.	Element☾	Fruchtorganimpuls durch ☾ oder Planeten	Neigung
1. Di	♒ 17	☉–♒	Er/Li	Wurzel bis 16, ab 17 Blüte	
2. Mi	♒	●19	Licht	Blüte	St
3. Do	♓ 12		Li/Wa	Blüte bis 11, ab 12 Blatt	V St
4. Fr	♓		Wasser	Blatt	
5. Sa	♓		Wasser	Blatt	
10. Woche					
6. So	♈ 9		Wa/Wä	Blatt bis 8, ab 9 Frucht	St
7. Mo	♈	●⛢	Wärme	Frucht bis 4 -------- ab 10 Frucht	
8. Di	♉ 7	☊10	Wä/Er	Frucht bis 5 -------- ab 14 Wurzel	
9. Mi	♉		Erde	Wurzel	
10. Do	♉		Erde	Wurzel bis 14, ab 15 Ag Blüte	K St
11. Fr	♊ 8	Ag0	Er/Li	Ag Blüte bis 3, 4 bis 7 Wurzel , ab 8 Blüte	
12. Sa	♊	☉–♓ ⌒1	Licht	Blüte *Pflanzzeit Beginn 2	V St
11. Woche					
13. So	♋ 16		Li/Wa	Blüte bis 15, ab 16 Blatt	
14. Mo	♋		Wasser	Blatt	E St
15. Di	♌ 9		Wa/Wä	Blatt bis 8, ab 9 Frucht	
16. Mi	♌		Wärme	Frucht	
17. Do	♌		Wärme	Frucht	E ♄ St
18. Fr	♍ 2	○9	Wä/Er	Frucht bis 1, ab 2 Wurzel	V
19. Sa	♍		Erde	Wurzel	♄ St
12. Woche					
20. So	♍		Erde	Wurzel	
21. Mo	♎ 10		Er/Li	Wurzel bis 9, ab 10 Blüte	
22. Di	♏ 16	☋9	Li/Wa	Blüte bis 4 ----- 13 - 15 Blüte, ab 16 Blatt	♄ St
23. Mi	♏		Wasser	Blatt bis 12 -------------	
24. Do	♐ 21	Pg1	Wa/Wä	------- ab 14 - 20 Blatt, ab 21 Frucht	E St
25. Fr	♐	◡13	Wärme	Frucht #Pflanzzeit Ende 12	
26. Sa	♐		Wärme	Frucht bis 23	♄ St
13. Woche					
27. So	♑ 0		Erde	Wurzel ab 0	♄ St
28. Mo	♑		Erde	Wurzel bis 24	St
29. Di	♒ 1		Er/Li	ab 1 Blüte	E St
30. Mi	♓ 21		Li/Wa	Blüte bis 20, ab 21 Blatt	♄ St
31. Do	♓		Wasser	Blatt	K V

Pflanzzeit

Die Tierkreissymbole beziehen sich auf die sichtbaren astronomischen Sternbilder, nicht auf die astrologischen Sternzeichen (siehe S. 13)

Merkur	Venus	Mars	Jupiter	Saturn	Uranus	Neptun	Pluto
♑	♐	♐	♒	♑	♈	♓	♐
8. ♒	4. ♑	4. ♑					
22. ♓							

Notizen:

1. ______
2. ______
3. ______
4. ______
5. ______
6. ______
7. ______
8. ______
9. ______
10. ______
11. ______
12. ______
13. ______
14. ______
15. ______
16. ______
17. ______
18. ______
19. ______
20. ______
21. ______
22. ______
23. ______
24. ______
25. ______
26. ______
27. ______
28. ______
29. ______
30. ______
31. ______

Monatsbetrachtung März 2022

Der März verspricht wieder etwas abzukühlen. Nicht nur der Merkur, auch Venus und Mars wechseln in den Steinbock. Satur verharrt weiter in dem erdigen Bild und Jupiter bleibt im Wirkungsbereich des Wassermanns. Mit dem Tritt vor den Wassermann am 8. trägt er voraussichtlich zu klaren Nächten bei. Ende des Monats können wir womöglich mit etwas Nässe rechnen.

Pflanzzeit: 12.3.,2 Uhr bis zum 25.3., 12 Uhr

.

Pflanzzeit südliche Erde: 1.3., 0 Uhr bis 11.3., 24 Uhr und ab 25.3., 14 Uhr.

Blüten-Samen-Ernte südl. Erde: 1.3., 17 Uhr bis 3.3., 11 Uhr und 29.3., 1 Uhr bis 30.3., 29 Uhr.
Blatt-Samen-Ernte südl. Erde: 3.3., 12 Uhr bis 6.3., 8 Uhr.
Frucht-Samen-Ernte südl. Erde: 6.3., 9 Uhr bis 8.3., 5 Uhr.
Wurzel-Samen-Ernte südl. Erde: an den Wurzeltagen -------- Zeiten auslassen

Weidenstecklinge stecken:
Für Pollentracht: vom 11.3., 8 Uhr bis 13.3., 15 Uhr
Für Honigtracht: vom 15.3., 9 Uhr bis 18.3., 1 Uhr

Schneckenregulierung: 13.3. 16 Uhr bis 15.3., 8 Uhr.

Pfropfreiser schneiden: Außerhalb der Pflanzzeit. Bitte die Fruchtungstypen beachten.
------- Zeiten auslassen.

Für Bio-Dynamiker: Im März oder April an Blütentagen morgens Löwenzahnblüten pflücken. Die Blüten sollten im Zentrum noch nicht ganz geöffnet sein.
Man trocknet sie auf Papier oder Trockengestellen an einem schattigen Ort. Nicht in der prallen Sonne.

Aussaattage April 2022

Dat.	☾ v. Sternb.	Konstellat.	Element ☾	Fruchtorganimpuls durch ☾ oder Planeten	Neigung
1. Fr	♓	☉–♓ ●9	Wasser	Blatt	K V St
2. Sa	♈ 19		Wa/Wä	Blatt bis 18, ab 19 Frucht	
14. Woche					
3. So	♈	☌♅	Wärme	Frucht bis 15 ---------- ab 21 Frucht	
4. Mo	♉ 17	☊15	Wä/Er	Frucht bis 10 ---------- ab 19 Wurzel	
5. Di	♉		Erde	Wurzel	
6. Mi	♉		Erde	Wurzel	K ♄
7. Do	♊ 17	Ag21	Er/Li	Wurzel bis 11, 12 bis 16 Ag Blüte, ab 17 Blüte	
8. Fr	♊	⌓10	Licht	Blüte bis 8 ------------- *Pflanzz Beg 11	
9. Sa	♊	☿☊	Licht	-------------------------	V St
15. Woche					
10. So	♋ 2	♀☋	Li/Wa	-------------------------	V St
11. Mo	♌ 19		Wa/Wä	------ 13 - 18 Blatt, ab 19 Frucht	E
12. Di	♌		Wärme	Frucht	
13. Mi	♌		Wärme	Frucht	K St
14. Do	♍ 12		Wä/Er	Frucht bis 11, ab 12 Wurzel bis 24	
15. Fr	♍	Karfreitag	Erde	-------------------------	E St
16. Sa	♍	○21	Erde	-------------------------	
16. Woche					
17. So	♎ 19	Ostersonntag	Er/Li	Wurzel ab Sonnenaufgang bis 18, ab 19 Blü.	K ♄
18. Mo	♎	☋16	Licht	Blüte bis 11 ------- 20 - 24 Blüte	K V
19. Di	♏ 1	☉–♈ Pg18	Wasser	Blatt ab 1 - 5 -------------	
20. Mi	♏		Wasser	------- ab 7 Blatt	E
21. Do	♐ 4	◡20	Wa/Wä	Blatt bis 3, ab 4 Frucht #Pflanzz Ende 19	V
22. Fr	♐		Wärme	Frucht	St
23. Sa	♑ 6		Wä/Er	Frucht bis 5, ab 6 Wurzel	
17. Woche					
24. So	♑		Erde	Wurzel	St
25. Mo	♒ 7		Er/Li	Wurzel bis 6, ab 7 Blüte	
26. Di	♒		Licht	Blüte	K
27. Mi	♓ 3		Li/Wa	Blüte bis 2, ab 3 Blatt	
28. Do	♓		Wasser	Blatt	
29. Fr	♓		Wasser	Blatt	E St
30. Sa	♈ 2	●23 ☌☉	Wa/Wä	Blatt bis 1, ab 2 Frucht bis 18 -------------	

Pflanzzeit

Die Tierkreissymbole beziehen sich auf die sichtbaren astronomischen Sternbilder, nicht auf die astrologischen Sternzeichen (siehe S. 13)

Merkur	Venus	Mars	Jupiter	Saturn	Uranus	Neptun	Pluto
♓	♑	♑	♒	♑	♈	♓	♐
11. ♈	2. ♒	10. ♒	3. ♓				29. ♐R
24. ♉	25. ♓						

Notizen:

1. ____________________
2. ____________________
____
____
3. ____________________
4. ____________________
5. ____________________
6. ____________________
7. ____________________
8. ____________________
9. ____________________
____
____
10. ____________________
11. ____________________
12. ____________________
13. ____________________
14. ____________________
15. ____________________
16. ____________________
____
____
17. ____________________
18. ____________________
19. ____________________
20. ____________________
21. ____________________
22. ____________________
23. ____________________
____
____
24. ____________________
25. ____________________
26. ____________________
27. ____________________
28. ____________________
29. ____________________
30. ____________________

Monatsbetrachtung April 2022

Der April wird ein ungemütlicher Monat. Eine Vielzahl von Knoten verteilt sich über den ganzen Monat. Auch davon abgesehen scheint der April nicht ganz zu wissen was er will. Mitte des Monats könnte es dank dem Merkur vor Widder etwas wärmer werden, bevor der Widder am 24. vom Stier abgelöst wird. Licht-Luft und Wasser lösen sich auch ab, kurz: jedes Element scheint den Monat für sich beanspruchen zu wollen.
Bitte beachten Sie: wenn es um sehr wichtige Tätigkeiten oder Operationstermine geht, sollten Sie auch einige Stunden nach und vor der durch Planetenknoten gestrichenen Zeit meiden.

Bodenwärme setzt ein am 11.4.

Pflanzzeit: 8.4., 11 Uhr bis 21.4., 19 Uhr.

Pflanzzeit südliche Erde: 1.4., 0 Uhr bis 8.4., 9 Uhr und ab 21.4., 21 Uhr.

Frucht-Samen-Ernte südl. Erde: 2.4., 19 Uhr bis 4.4., 10 Uhr.
Wurzel-Samen-Ernte südl. Erde: 23.4., 6 Uhr bis 25.4., 6 Uhr.
Blüte-Samen-Ernte südl. Erde: 25.4., 7 Uhr bis 27.4., 2 Uhr
Blatt-Samen-Ernte südl. Erde: an Blatttagen.

Pfropfarbeiten:
Fruchtgehölze: 21.4., 21 Uhr bis 23.4., 5 Uhr. Sonst an Fruchttagen ausserhalb der Pflanzzeit.
Blütengehölze: 25.4., 7 Uhr bis 27.4., 2 Uhr. Sonst an Blütentagen außerhalb der Pflanzzeit.

Motten u. Wachsmottenreg.: 30.4., 2 Uhr bis 1.5., 17 Uhr.
Nachtfalterregulierung: 27.4. 3 Uhr bis 30.4., 1 Uhr.

Aussaattage Mai 2022

Dat.	☾ v. Sternb.	Konstellat.	Element ☾	Fruchtorganimpuls durch ☾ oder Planeten	Neigung
18. Woche					
1. So	♈	☉–♈ ☊22	Wärme	Frucht 0 - 1 ------ 7 - 17 Frucht -------	
2. Mo	♉ 1		Erde	---- ab 2 Wurzel	♄ St
3. Di	♉		Erde	Wurzel	V St
4. Mi	♉		Erde	Wurzel bis 24	St
5. Do	♊ 1	⋒18 Ag15	Licht	ab 1 Blüte *Pflanzzeit Beginn 17	
6. Fr	♊		Licht	Blüte	
7. Sa	♋ 10		Li/Wa	Blüte bis 9, ab 10 Blatt	
19. Woche					
8. So	♋		Wasser	Blatt	
9. Mo	♌ 3		Wa/Wä	Blatt bis 2, ab 3 Frucht	
10. Di	♌		Wärme	Frucht	♄ St
11. Mi	♍ 22		Wä/Er	Frucht bis 21, ab 22 Wurzel	K V ♄ St
12. Do	♍		Erde	Wurzel	
13. Fr	♍		Erde	Wurzel	
14. Sa	♍	☉–♉	Erde	Wurzel	K St
20. Woche					
15. So	♎ 5		Er/Li	Wurzel bis 4, ab 5 Blüte bis 21 ------	St
16. Mo	♏ 10	☺6 ☋2	Li/Wa	-------- 10 - 14 Blatt ----	☉☍☾
17. Di	♏	Pg18 ☿☋	Wasser	-------------------	
18. Mi	♐ 12		Wa/Wä	------ ab 7 Blatt bis 11, ab 12 Frucht	St
19. Do	♐	⌣2	Wärme	Frucht #Pflanzzeit Ende 1	
20. Fr	♑ 13		Wä/Er	Frucht bis 12, ab 13 Wurzel	
21. Sa	♑		Erde	Wurzel	
21. Woche					
22. So	♒ 12		Er/Li	Wurzel bis 11, ab 12 Blüte	
23. Mo	♒		Licht	Blüte	St
24. Di	♓ 9		Li/Wa	Blüte bis 8, ab 9 Blatt	
25. Mi	♓		Wasser	Blatt	
26. Do	♓		Wasser	Blatt	♄ St
27. Fr	♈ 8	☌♀	Wa/Wä	Blatt bis 1 ----- ab 8 Frucht	V St
28. Sa	♈	☌♅	Wärme	Frucht bis 12 ----- ab 18 Frucht	K E St
22. Woche					
29. So	♉ 7	☊5	Wä/Er	--------- ab 9 Wurzel	St
30. Mo	♉	●14	Erde	Wurzel	
31. Di	♉		Erde	Wurzel	

Pflanzzeit

Die Tierkreissymbole beziehen sich auf die sichtbaren astronomischen Sternbilder, nicht auf die astrologischen Sternzeichen (siehe S. 13)

Merkur	Venus	Mars	Jupiter	Saturn	Uranus	Neptun	Pluto
♉	♓	♒	♓	♑	♈	♓	♐R
10. ♉R	28. ♈	14. ♓					

Notizen:

1.
2.
3.
4.
5.
6.
7.
8.
9.
10.
11.
12.
13.
14.
15.
16.
17.
18.
19.
20.
21.
22.
23.
24.
25.
26.
27.
28.
29.
30.
31.

Monatsbetrachtung Mai 2022

Der Mai bleibt etwas stetiger. Die beiden Wärmetrigone werden zwar kaum mit Stier und Steinbock vor den Wärmeplaneten stand halten können, könnten die Kälte jedoch etwas abmildern. Mit Jupiter und vor allem ab Mitte des Monats Mars vor den Fischen könnte es auch ein etwas regnerischerer Mai werden.

Pflanzzeit: 5.5., 17 Uhr bis 19.5., 1 Uhr.

Pflanzzeit südliche Erde: 1.5., 0 Uhr bis 5.5., 17 Uhr und ab 19.5., 3 Uhr.

Speisekartoffeln: an Wurzeltagen setzen.
Saatkartoffeln für 2023: 9.5., 3 Uhr bis 11.5., 21 Uhr kleine Kartoffeln setzen.

Heuschnitt: an Blütentagen.

Einleiten (Umlarven, Bogenschnitt oder Stanzen) der **Königinnenzucht** an den Blütentagen (3).

Stallfliegen: mit Fliegenfänger fangen und an Blütentagen im Stall verbrennen.
Schadinsekten, Kornkäfer, Kartoffelkäfer- und Varroabekämpfung: 29.5., 9 Uhr bis 1.6., 7 Uhr

Schneckenregulierung: 7.5., 10 Uhr bis 9.5., 2 Uhr

Für Bio-Dynamiker: Nun können die Präparate aus der Erde genommen werden. Gestrichene Zeiten auslassen.

Aussaattage Juni 2022

Dat. ☾ v. Sternb.	Konstellat.	Element ☾	Fruchtorganimpuls durch ☾ oder Planeten	Neigung
1. Mi ♊ 8	☉–♉	Er/Li	Wurzel bis 7, ab 8 Blüte	
2. Do ♊	Ag3 ⌒1	Licht	Blüte *Pflanzzeit Beginn 2	
3. Fr ♋ 16		Li/Wa	Blüte bis 15, ab 16 Blatt	K V St
4. Sa ♋		Wasser	Blatt	
23. Woche				
5. So ♌ 10		Wa/Wä	Blatt bis 9, ab 10 Frucht	
6. Mo ♌		Wärme	Frucht	E St
7. Di ♌		Wärme	Frucht	K V St
8. Mi ♍ 6		Wä/Er	Frucht bis 5, ab 6 Wurzel	♄ St
9. Do ♍		Erde	Wurzel	
10. Fr ♍		Erde	Wurzel	
11. Sa ♎ 15		Er/Li	Wurzel bis 14, ab 15 Blüte	
24. Woche				
12. So ♏ 21	☋12	Li/Wa	Blüte bis 7 ----- ab 16 - 20 Blüte, ab 21 Blatt	
13. Mo ♏		Wasser	Blatt	V St
14. Di ♐ 23	☺14	Wa/Wä	Blatt bis 13 -------------	♄ St
15. Mi ♐	⌣13 Pg2	Wärme	-------- ab 15 Frucht #Pflanzz Ende 12	♄ St
16. Do ♑ 22	▲	Wä/Er	Frucht bis 21, ab 22 Wurzel	E St
17. Fr ♑		Erde	Wurzel	St
18. Sa ♒ 20		Er/Li	Wurzel bis 19, ab 20 Blüte	St
25. Woche				
19. So ♒		Licht	Blüte	
20. Mo ♓ 15		Li/Wa	Blüte bis 14, ab 15 Blatt	
21. Di ♓	☉–♊	Wasser	Blatt	K E
22. Mi ♓	☌♂	Wasser	Blatt bis 16 ------- ab 22 Blatt	
23. Do ♈ 14		Wa/Wä	Blatt bis 13, ab 14 Frucht	♄ St
24. Fr ♈	☌⛢	Wärme	Frucht bis 19 ---------	
25. Sa ♉ 13	☊9	Wä/Er	Frucht 1 - 4 ------ ab 13 Wurzel	
26. Woche				
26. So ♉		Erde	Wurzel	
27. Mo ♉		Erde	Wurzel	
28. Di ♊ 14		Er/Li	Wurzel bis 13, ab 14 Blüte	
29. Mi ♊	☻5 Ag8 ⌒6	Licht	Blüte *Pflanzzeit Beginn 7	K E St
30. Do ♋ 22		Li/Wa	Blüte bis 21, ab 22 Blatt	V St

Pflanzzeit

Die Tierkreissymbole beziehen sich auf die sichtbaren astronomischen Sternbilder, nicht auf die astrologischen Sternzeichen (siehe S. 13)

Merkur	Venus	Mars	Jupiter	Saturn	Uranus	Neptun	Pluto
♉R	♈	♓	♓	♑	♈	♓	♐R
3. ♉	17. ♉			4. ♑R		28. ♓R	

Notizen:

1. __________
2. __________
3. __________
4. __________
5. __________
6. __________
7. __________
8. __________
9. __________
10. __________
11. __________
12. __________
13. __________
14. __________
15. __________
16. __________
17. __________
18. __________
19. __________
20. __________
21. __________
22. __________
23. __________
24. __________
25. __________
26. __________
27. __________
28. __________
29. __________
30. __________

Monatsbetrachtung Juni 2022

Merkur und Saturn bleiben den ganzen Monat über in erdigen, kühlenden Sternbildern, ab der Mitte des Monats wandert auch die Venus vor den Stier, mit Kälte können wir also rechnen. Mars und Jupiter, beide vor den Fischen, versprechen uns auch noch Nässe.

Pflanzzeit: 2.6., 2 Uhr bis 15.6., 12 Uhr und ab 29.6., 7 Uhr.

Pflanzzeit südliche Erde: 1.6., 00 Uhr bis 24 Uhr und 15.6., 14 Uhr bis 29.6., 5 Uhr.

Heuschnitt: an Blütentagen.

Königinnenzucht bei Bienen: an den Blüten- oder Fruchttagen (3).
------- Zeiten auslassen.

Stallfliegen: mit Fliegenfänger fangen im Stall verbrennen vom 28.6., 14 Uhr bis 30.6., 21 Uhr, sonst an anderen Blütentagen.

Heuschreckenbekämpfung: 28.6., 14 Uhr bis 30.6., 21 Uhr.

Werren: am 12.6., 21 Uhr bis 14.6., 13 Uhr veraschen.

Für Biodynamiker: an **Blütentagen Baldrianblüten** am frühen Morgen pflücken, wenn in den Pflanzen noch genügend Nachtfeuchte erhalten ist. Danach schnellstens den Saft auspressen, ohne ihn mit Wasser zu verdünnen, auch nicht die Pflanzen in Wasser legen. Mit Wasser verdünnter Saft hält nicht lange genug.
Damit die Ernte reibungslos verläuft, sollte man schon früh genug die Stellen suchen, wo der Baldrian wächst.

Aussaattage Juli 2022

Dat.	☾ v. Sternb.	Konstellat.		Element ☾		Fruchtorganimpuls durch ☾ oder Planeten	Neigung
1. Fr	♋	☉–♊		Wasser		Blatt	St
2. Sa	♌ 17		▲	Wa/Wä		Blatt bis 2, 3 - 16 Wurzel, ab 17 Frucht	V St
27. Woche							
3. So	♌			Wärme		Frucht	
4. Mo	♌			Wärme		Frucht	
5. Di	♍ 13			Wä/Er	Pflanzzeit	Frucht bis 7 -------------	
6. Mi	♍	☿☊8		Erde		---------------- ab 21 Wurzel	ɥ St
7. Do	♍			Erde		Wurzel	E St
8. Fr	♍			Erde		Wurzel bis 24	
9. Sa	♎ 1	☋20		Er/Li		ab 1 Blüte bis 15 -----------	K St
28. Woche							
10. So	♏ 7			Li/Wa		ab 0 Blüte bis 6, ab 7 Blatt	St
11. Mo	♏			Wasser		Blatt	V St
12. Di	♐ 9			Wa/Wä		Bla. bis 8, ab 9 Fru. bis 22 ----- #Pflanzz. Ende 23	
13. Mi	♐	Pg11 ◡0	▲	Wärme		-------------- ○21	K ɥ St
14. Do	♑ 9			Wä/Er		ab 0 Frucht bis 8, ab 9 Wurzel	K E St
15. Fr	♑			Erde		Wurzel	
16. Sa	♒ 5			Er/Li		Wurzel bis 4, ab 5 Blüte	
29. Woche							
17. So	♓ 23			Li/Wa		Blüte bis 22, ab 23 Blatt	
18. Mo	♓	☿☍♇		Wasser		Blatt	
19. Di	♓			Wasser		Blatt	K ɥ St
20. Mi	♈ 20	☉–♋		Wa/Wä		Blatt bis 19, ab 20 Frucht	ɥ St
21. Do	♈	☾☌♂		Wärme		Frucht bis 13 ------ ab 19 Frucht	St
22. Fr	♉ 19	☊12	☾☌♅	Wä/Er		Frucht bis 4 ---- 16 - 18 Fru., ab 19 Wurzel	
23. Sa	♉		▲	Erde		Wurzel bis 9, ab 10 Blatt bis 23	K ɥ St
30. Woche							
24. So	♉			Erde		ab 0 Wurzel	
25. Mo	♊ 20			Er/Li		Wurzel bis 19, ab 20 Blüte	St
26. Di	♊	Ag13 ⌒12		Licht		Blüte *Pflanzzeit Beginn 13	St
27. Mi	♊			Licht		Blüte	
28. Do	♋ 4	●20		Li/Wa		Blüte bis 3, ab 4 Blatt	ɥ St
29. Fr	♌ 22			Wa/Wä		Blatt bis 21, ab 22 Frucht	E St
30. Sa	♌			Wärme		Frucht	
31. Woche							
31. So	♌	☿☍♄		Wärme		Frucht bis 14, ab 15 Blatt bis 18 -------	

Die Tierkreissymbole beziehen sich auf die sichtbaren astronomischen Sternbilder, nicht auf die astrologischen Sternzeichen (siehe S. 13)

Merkur	Venus	Mars	Jupiter	Saturn	Uranus	Neptun	Pluto
♉	♉	♓	♓	♑R	♈	♓R	♐R
5. ♊	17. ♊	5. ♈	28. ♓R				
18. ♋							
29. ♌							

Notizen:

1.
2.
3.
4.
5.
6.
7.
8.
9.
10.
11.
12.
13.
14.
15.
16.
17.
18.
19.
20.
21.
22.
23.
24.
25.
26.
27.
28.
29.
30.
31.

Monatsbetrachtung Juli 2022

Der Merkur hat es diesen Monat eilig und zieht durch alle Elemente, bis er schließlich im warmen Löwen endet. Von dieser Wärme hat der Juli aber nicht viel. Mehr Hoffnung auf einen angenehmen Juli machen einem der Mars im Widder und die Oppositionen, an denen Planeten vor warmen Sternbildern beteiligt sind. Davon abgesehen bringt uns die Venus ab der zweiten Monatshälfte im Zwilling hoffentlich einen hellen Sommer.

Pflanzzeit: 1.7., 0 Uhr bis 12.7., 23 Uhr und ab 26.7., 13 Uhr.

Pflanzzeit südliche Erde: 13.7., 1 Uhr bis 26.7., 11 Uhr.

Heuschnitt: 25.7., 20 Uhr bis 28.7.,3 Uhr, sonst an Blütentagen.
Stallfliegen: mit Fliegenfänger fangen und am 16.7., 5 bis 17.7., 22 Uhr im Stall verbrennen. Sonst Blütentage nutzen, ------- Zeiten auslassen
Schneckenregulierung: 28.7., 4 Uhr bis 19.7., 21 Uhr veraschen. An Blütentagen früh morgens, bei Blattpflanzen den Boden mit Kieselpräparat bespritzen.
Blüten-Samen-Ernte: an den Blütentagen.
Blatt-Samen-Ernte: An Blatttagen.
Frucht-Samen-Ernte: An den Fruchttagen.
Wurzel-Samen-Ernte: An den Wurzeltagen.
Königinnenzucht bei Bienen: an den Blüten- oder Fruchttagen (3) ab dem 17.7.
------- Zeiten auslassen

Für Biodynamiker, Herstellung der vegetabilischen Präparate nach Maria Thun®: 17.7., 20 Uhr bis 18.7., 12 Uhr Lärche (Kamille), schneiden, füllen und in die Erde geben.(8) ------- Zeiten auslassen.

Aussaattage August 2022

Dat. ☾v. Sternb.	Konstellat.		Element ☾		Fruchtorganimpuls durch ☾ oder Planeten	Neigung
1. Mo ♍ 18	☉ – ♋	▲	Wä/Er	Pflanzzeit	---------------------------	St
2. Di ♍	♀☊		Erde		------------- ab 16 Wurzel	
3. Mi ♍			Erde		Wurzel	
4. Do ♍			Erde		Wurzel	
5. Fr ♎ 8	☋23		Er/Li		Wurzel bis 7, 8 - 18 Blüte --------	St
6. Sa ♏ 15			Li/Wa		--- ab 3 Blüte bis 14, ab 15 Blatt	V St
32. Woche						
7. So ♏			Wasser		Blatt	St
8. Mo ♐ 19			Wa/Wä		Blatt bis 18, bis 19 Frucht	
9. Di ♐	◡9		Wärme		Frucht #Pflanzzeit Ende 8	St
10. Mi ♑ 19	Pg19		Wä/Er		Frucht bis 8 ---------------	
11. Do ♑	☉–☊		Erde		------ ab 8 Wurzel	E ♄ St
12. Fr ♒ 16	🌕4		Er/Li		Wurzel bis 14 -------------	K ♄ St
13. Sa ♒	☿☋		Licht		--------------------------	
33. Woche						
14. So ♓ 9	☉☍♄		Li/Wa		----- ab 4 Blüte bis 8, ab 9 Blatt	
15. Mo ♓			Wasser		Blatt	
16. Di ♓		▲	Wasser		Blatt bis 7, ab 8 Frucht bis 23	
17. Mi ♈ 4			Wa/Wä		ab 0 Blatt bis 3, ab 4 Frucht	
18. Do ♈	☊13	▲	Wärme		Frucht bis 1. 2 - 8 Blatt ------ ab 17 Frucht	☌⛢
19. Fr ♉ 2			Wä/Er		Frucht bis 1, ab 2 Wurzel	
20. Sa ♉			Erde		Wurzel	
34. Woche						
21. So ♉			Erde		Wurzel	
22. Mo ♊ 2	⌓17		Er/Li	Pflanzzeit	Wurzel bis 1, ab 2 Blüte *Pflanzzeit Beginn 18	
23. Di ♊	Ag0		Licht		Blüte	St
24. Mi ♋ 11			Li/Wa		Blüte bis 10, ab 11 Blatt	St
25. Do ♋			Wasser		Blatt	V St
26. Fr ♌ 5			Wa/Wä		Blatt bis 4, ab 5 Frucht	E St
27. Sa ♌	🌑11		Wärme		Frucht	♄ St
35. Woche						
28. So ♌			Wärme		Frucht bis 23	
29. Mo ♍ 0			Erde		Wurzel ab 0	
30. Di ♍			Erde		Wurzel	
31. Mi ♍			Erde		Wurzel	K E St

Die Tierkreissymbole beziehen sich auf die sichtbaren astronomischen Sternbilder, nicht auf die astrologischen Sternzeichen (siehe S. 13)

Merkur	Venus	Mars	Jupiter	Saturn	Uranus	Neptun	Pluto
♌	♊	♈	♓R	♑R	♈	♓R	♐R
20. ♍	10. ♋	10. ♉			24. ♈R		
	27. ♌						

Notizen:

1.
2.
3.
4.
5.
6.
7.
8.
9.
10.
11.
12.
13.
14.
15.
16.
17.
18.
19.
20.
21.
22.
23.
24.
25.
26.
27.
28.
29.
30.
31.

Monatsbetrachtung August 2022

Der August verspricht mit Merkur und Mars vor wärmenden Bildern einen angenehmen Start, der jedoch langsam abkühlen wird, angefangen beim Mars der vor den Stier zieht, gefolgt vom Merkur vor der Jungfrau. Mit Jupiter und Venus vor Fischen und Krebs können wir auch mit etwas Nässe rechnen.

Pflanzzeit: 1.8., 0 Uhr bis 9.8., 8 Uhr und ab 22.8., 18 Uhr.

Pflanzzeit südliche Erde: 9.8., 10 Uhr bis 22.8., 16 Uhr.

Samen von Fruchtpflanzen und Getreide für Saatgut: 16.8., 8 Uhr bis 23 Uhr und 26.8.,5 Uhr bis 28.8., 23 Uhr.
Nach der Ernte sofort Zwischenfrüchte aussäen wie Lupine, Phacelia, Senf oder Leindotter.
Blatt-Samen-Ernte: 6.8., 15 Uhr bis 8.8., 18 Uhr.
Blüten-Samen-Ernte: 22.8., 2 Uhr bis 24.8., 10 Uhr.

Stallfliegen: mit Fliegenfänger fangen und 5.8. 8 - 18 Uhr und 6.8., 3 - 14 Uhr im Stall verbrennen.

Ameisen in Häusern: 17.8., 4 Uhr bis 19.8., 1 Uhr veraschen. ------- Zeiten auslassen.

Aussaattage September 2022

Dat. ☾ v. Sternb.	Konstellat.	Element ☾	Fruchtorganimpuls durch ☾ oder Planeten	Neigung
1. Do ♎ 13	☉–♌ ☋23	Er/Li	Wurzel bis 12, ab 13 Blüte bis 18 -----	
2. Fr ♏ 21		Li/Wa	--- ab 3 Blüte bis 20, ab 21 Blatt	
3. Sa ♏		Wasser	Blatt	
36. Woche				
4. So ♏		Wasser	Blatt	
5. Mo ♐ 2	◡16	Wa/Wä	Blatt bis 1, ab 2 Frucht #Pflanzzeit Ende 15	St
6. Di ♐		Wärme	Frucht	V St
7. Mi ♑ 4	Pg21	Wä/Er	Frucht bis 3, ab 4 Wurzel bis 8 --------	St
8. Do ♑		Erde	-------- ab 10 Wurzel	
9. Fr ♒ 2		Er/Li	Wurzel bis 1, ab 2 Blüte	
10. Sa ♓ 19	○12	Li/Wa	Blüte bis 18, ab 19 Blatt	
37. Woche				
11. So ♓	▲	Wasser	Blatt bis 2, ab 3 Frucht bis 18, ab 19 Blatt	
12. Mo ♓		Wasser	Blatt	
13. Di ♈ 14		Wa/Wä	Blatt bis 13, ab 14 Frucht	
14. Mi ♈	☊17 ☌♅	Wärme	Frucht bis 12 ----------------	
15. Do ♉ 10		Wä/Er	Frucht 3 - 9, ab 10 Wurzel	
16. Fr ♉	☉–♍	Erde	Wurzel	St
17. Sa ♉	☉☍♆	Erde	Wurzel	
38. Woche				
18. So ♊ 10		Er/Li	Wurzel bis 9, ab 10 Blüte	St
19. Mo ♊	Ag17 ◠0	Licht	Blü. bis 21, ab 22 Frucht *Pflanzz Beg 1	☿☍♃
20. Di ♋ 18	▲	Li/Wa	Frucht bis 8, 9 - 17 Blüte, ab 18 Blatt	
21. Mi ♋		Wasser	Blatt	K St
22. Do ♌ 12		Wa/Wä	Blatt bis 11, ab 12 Frucht	
23. Fr ♌		Wärme	Frucht	
24. Sa ♌	♀☍♆	Wärme	Frucht	
39. Woche				
25. So ♍ 7		Wä/Er	Frucht bis 6, ab 7 Wurzel	St
26. Mo ♍	●0 ☉☍♃	Erde	Wurzel	
27. Di ♍		Erde	Wurzel	
28. Mi ♎ 19	▲	Er/Li	Wu bis 18, 0 - 11 bes. gü., 19 - 21 Blü ---	♄ St
29. Do ♎	☋2	Licht	------ ab 6 Blüte	St
30. Fr ♏ 2		Li/Wa	Blüte bis 1, ab 2 Blatt	

Pflanzzeit

Die Tierkreissymbole beziehen sich auf die sichtbaren astronomischen Sternbilder, nicht auf die astrologischen Sternzeichen (siehe S. 13)

Merkur	Venus	Mars	Jupiter	Saturn	Uranus	Neptun	Pluto
♍	♌	♉	♓R	♑R	♈R	♓R	♐R
10. ♍R	24 ♍						

Notizen:
1. ______
2. ______
3. ______

______

______

4. ______
5. ______
6. ______
7. ______
8. ______
9. ______
10. ______

______

______

11. ______
12. ______
13. ______
14. ______
15. ______
16. ______
17. ______

______

______

18. ______
19. ______
20. ______
21. ______
22. ______
23. ______
24. ______

______

______

25. ______
26. ______
27. ______
28. ______
29. ______
30. ______

Monatsbetrachtung September 2022

Einmal von dem Wärmetrigon abgesehen, scheint der September kühl und nass zu bleiben. Merkur, Mars und Saturn stehen den ganzen Monat vor erdigen Sternbildern und auch wenn die Venus für drei Wochen im Löwen bleibt, wechselt auch sie anschließend in die kühle Jungfrau. Unterstützt wird das noch von drei kühl feuchten Oppositionen.

Pflanzzeit: 1.9., 0 Uhr bis zum 5.9., 15 Uhr und ab 19.9., 1 Uhr.

Pflanzzeit südliche Erde: 5.9., 17 Uhr bis 18.9., 23 Uhr.

Für die **Obsternte** seien die Tage empfohlen, an denen der Mond vor dem Widder oder Schützen steht. Ansonsten: die übrigen Fruchttage
Die Ernte von **Wurzelfrüchten** an Wurzeltagen ist unübertroffen gut, wie Lagervergleiche mit Zwiebeln, Möhren, Rote Bete und Kartoffeln deutlich gezeigt haben.
Für Wintergetreideaussaaten eignen sich besonders die Löwe- und Schützezeiten. ------- Zeiten auslassen.
Der **Roggen** kann in Ausnahmefällen auch an Wurzeltagen gesät werden. Alle Pflegemaßnahmen sollten aber unbedingt an Fruchttagen durchgeführt werden.

Schneckenregulierung: 20.9., 18 bis 22.9., 11 Uhr.

Für Biodynamiker, Herstellung der vegetabilischen Präparate nach Maria Thun®: 26.9., 9 bis 24 Uhr **Ahorn** (Löwenzahn), schneiden, füllen und in die Erde geben.(8)

Am 23.9., 21 Uhr bis 24.9., 13 Uhr **Birke** (Schafgarbe) schneiden, füllen und aufhängen.
------- Zeiten auslassen.

Aussaattage Oktober 2022

Dat.	☾ v. Sternb.	Konstellat.		Element ☾	Fruchtorganimpuls durch ☾ oder Planeten	Neigung
1. Sa	♏	☉–♍ ♀☍♃		Wasser	Blatt bis 6 ---------------	V St
40. Woche						
2. So	♐ 8	◡22 ☿☊		Wa/Wä	----------- ab 20 Frucht #Pflanzzeit Ende 21	
3. Mo	♐			Wärme	Frucht	
4. Di	♑ 11	Pg19		Wä/Er	Frucht bis 6 -------------	
5. Mi	♑			Erde	------ ab 8 Wurzel	♄ St
6. Do	♒ 10			Er/Li	Wurzel bis 9, ab 10 Blüte	
7. Fr	♒			Licht	Blüte	
8. Sa	♓ 4			Li/Wa	Blüte bis 3, ab 4 Blatt	
41. Woche						
9. So	♓	🌕23		Wasser	Blatt	♄ St
10. Mo	♈ 23			Wa/Wä	Blatt bis 22, ab 23 Frucht	
11. Di	♈			Wärme	Frucht bis 19 ---------	
12. Mi	♉ 19	☊0 ☿☍♃	▲	Wä/Er	--------- 10 - 18 Fru., ab 19 Wu. ●⛢	E St
13. Do	♉			Erde	Wurzel	
14. Fr	♉		▲	Erde	Wurzel, von 2 bis 12 besonders günstig	♄ St
15. Sa	♊ 18			Er/Li	Wurzel bis 17, ab 18 Blüte	
42. Woche						
16. So	♊	◠9		Licht	Blüte *Pflanzzeit Beginn 10	
17. Mo	♊	Ag13		Licht	Blüte bis 11, ab 12 Wurzel	
18. Di	♋ 3		▲	Li/Wa	Wurzel bis 3, ab 4 Blatt bis 15 ---------	♄ St
19. Mi	♌ 21		▲	Wa/Wä	---------------------	V St
20. Do	♌	♂☊		Wärme	----------- ab 17 Frucht	V St
21. Fr	♌			Wärme	Frucht	
22. Sa	♍ 16			Wä/Er	Frucht bis 15, ab 16 Wurzel, ab 17 bes. gü.	E St
43. Woche						
23. So	♍		▲	Erde	Wurzel, besonders günstig bis 6	
24. Mo	♍	●☿		Erde	Wurzel bis 14 --------- ab 20 Wurzel	
25. Di	♍	🌑13 ●♀		Erde	Wurzel bis 9 --------- ab 15 Wurzel	
26. Mi	♎ 3	☋9		Er/Li	Wu. bis 2, 3 - 4 Blü. ---- 13 - 17 Blü., ab 18 Wu.	
27. Do	♏ 9		▲	Li/Wa	Wurzel bis 9, ab 10 Blatt	V St
28. Fr	♏			Wasser	Blatt	St
29. Sa	♐ 14	Pg17		Wa/Wä	Blatt bis 4 --------------	E St
44. Woche						
30. So	♐	◡2		Wärme	------- ab 6 Frucht #Pflanzzeit Ende 1	
31. Mo	♑ 15			Wä/Er	Frucht bis 14, ab 15 Wurzel	

Pflanzzeit

Die Tierkreissymbole beziehen sich auf die sichtbaren astronomischen Sternbilder, nicht auf die astrologischen Sternzeichen (siehe S. 13)

Merkur	Venus	Mars	Jupiter	Saturn	Uranus	Neptun	Pluto
♍R	♍	♉	♓R	♑R	♈R	♓R	♐R
2. ♍	31. ♎	30. ♉R		23. ♑			8. ♐

Notizen:

1.
2.
3.
4.
5.
6.
7.
8.
9.
10.
11.
12.
13.
14.
15.
16.
17.
18.
19.
20.
21.
22.
23.
24.
25.
26.
27.
28.
29.
30.
31.

Monatsbetrachtung Oktober 2022

Auch der Oktober bleibt kalt und nass. Alle nenneswerten Konstellationen dieses Monats sind entweder direkt erdig oder erdig-wässrig. Der Uranus steht im warmen Widder. Uranus, Neptun und Pluto haben jedoch so wenig Einfluss, dass das kaum ins Gewicht fällt. Mit sechs erdigen Trigonen und zwei Oppositionen werden wir uns warm anziehen müssen.

Pflanzzeit: 1.10., 0 Uhr bis 2.10., 21 Uhr und 16.10., 10 Uhr bis 30.10., 1 Uhr.

Pflanzzeit südliche Erde: 2.10., 23 Uhr bis 16.10., 14 Uhr und ab 30.10., 3 Uhr.

Für die **Lagerobsternte** eignen sich folgende Tage: An Frucht- und Blütentagen außerhalb der Pflanzzeit.

Wurzel-Samen-Ernte: 12.10., 19 Uhr bis 15.10., 17 Uhr. Beachten Sie die als "besonders günstig" gekennzeichneten Zeiten.
Blüten-Samen-Ernte: 6.10., 10 Uhr bis 8.10., 3 Uhr. Sonst an Blütentagen.
Blatt-Samen-Ernte: 8.10., 4 Uhr bis 10.10., 22 Uhr. Sonst an Blatttagen.
Alle abgeernteten Flächen sollte man mit Kompost versorgen, Fladenpräparat spritzen.

Aussaattage November 2022

Dat.	☾ v. Sternb.	Konstellat.	Element ☾	Fruchtorganimpuls durch ☾ oder Planeten	Neigung
1. Di	♑	☉–♍	Erde	Wurzel	
2. Mi	♒ 14	☉–♎	Er/Li	Wurzel bis 13, ab 14 Blüte	St
3. Do	♒		Licht	Blüte	K
4. Fr	♓ 10		Li/Wa	Blüte bis 9, ab 10 Blatt	
5. Sa	♓		Wasser	Blatt	
45. Woche					
6. So	♓	♀☍⛢	Wasser	Blatt	K
7. Mo	♈ 6		Wa/Wä	Blatt bis 5, ab 6 Frucht	K St
8. Di	♈	○12 ☊7	Wärme	Frucht bis 2 ---------------	
9. Mi	♉ 3	☉☍⛢ ☿☋	Wä/Er	--------------------------	
10. Do	♉		Erde	--- ab 2 Wurzel	St
11. Fr	♉		Erde	Wurzel bis 24	St
12. Sa	♊ 1	⌒16	Er/Li	ab 1 Blüte *Pflanzzeit Beginn 17	
46. Woche					
13. So	♊		Licht	Blüte	
14. Mo	♋ 10	Ag8	Li/Wa	Blüte bis 9, Ag Blüte 10 - 11, ab 12 Blatt	
15. Di	♋	▲	Wasser	Blatt, von 2 bis 14 besonders günstig	
16. Mi	♌ 4	▲	Wa/Wä	Blatt bis 3, 4 - 6 Frucht, 7 - 20 Blatt, ab 21 Frucht	
17. Do	♌		Wärme	Frucht	
18. Fr	♌		Wärme	Frucht bis 23	
19. Sa	♍ 0		Erde	ab 0 Wurzel	E St
47. Woche					
20. So	♍	☉ – ♏	Erde	Wurzel bis 7 ---------------	♄ St
21. Mo	♍	♀☋ ▲	Erde	---------------------------	
22. Di	♎ 11	☋18	Er/Li	--- 5 - 10 Wurzel, 11 - 13 Blüte --- ab 22 Blü.	K
23. Mi	♏ 18		Li/Wa	Blüte bis 17, ab 18 Blatt	
24. Do	♏	●0 ☌☿	Wasser	Blatt bis 12 --------- ab 18 Blatt	V St
25. Fr	♐ 21		Wa/Wä	Blatt bis 14 ----------	V St
26. Sa	♐	Pg3 ◡10	Wärme	--------- ab 16 Frucht #Pflanzz Ende 9	V St
48. Woche					
27. So	♑ 21		Wä/Er	Frucht bis 20, ab 21 Wurzel	
28. Mo	♑	▲	Erde	Wurzel, von 7 bis 22 besonders günstig	
29. Di	♒ 20	☿☍♂	Er/Li	Wurzel bis 19, ab 20 Blüte	
30. Mi	♒		Licht	Blüte	K V St

Pflanzzeit

Die Tierkreissymbole beziehen sich auf die sichtbaren astronomischen Sternbilder, nicht auf die astrologischen Sternzeichen (siehe S. 13)

Merkur	Venus	Mars	Jupiter	Saturn	Uranus	Neptun	Pluto
♍	♎	♉R	♓R	♑	♈R	♓R	♐
4. ♎	14. ♏		25. ♓				
15. ♏							

Notizen:

1. ____________________
2. ____________________
3. ____________________
4. ____________________
5. ____________________

____

____

6. ____________________
7. ____________________
8. ____________________
9. ____________________
10. ____________________
11. ____________________
12. ____________________

____

____

13. ____________________
14. ____________________
15. ____________________
16. ____________________
17. ____________________
18. ____________________
19. ____________________

____

____

20. ____________________
21. ____________________
22. ____________________
23. ____________________
24. ____________________
25. ____________________
26. ____________________

____

____

27. ____________________
28. ____________________
29. ____________________
30. ____________________

Monatsbetrachtung November 2022

Die kühlenden Konstellationen lassen im November etwas nach. Licht-Wärme-Konstellationen bringen hoffentlich etwas mildere Temperaturen, auch wenn es ab der zweiten Hälfte des Monats verspricht nass zu werden.

Pflanzzeit: 12.11., 17 Uhr bis 26.11., 9 Uhr.

Pflanzzeit südliche Erde: 1.11., 0 Uhr bis 12. 11., 15 Uhr und ab 26.11., 11 Uhr.

Die Blütentage in der Pflanzzeit eignen sich vorzüglich, um alle **Blumenzwiebeln** zu stecken. Sie lohnen es mit gutem Wachstum und kraftvollen Blütenfarben. Die restlichen Blütentage sollten nur als Ersatz betrachtet werden, denn diese Zwiebeln werden nicht die erwünschte Blühfreudigkeit hervorbringen.

Wenn es nicht schon im Oktober geschehen ist, sollte man alle organischen Abfälle sammeln und **Komposte** aufsetzen. Das Präparieren mit den biologisch-dynamischen Kompostpräparaten bringt eine schnelle Verpilzung und gute Umsetzungen. Auch die Anwendung des Fladenpräparates fördert die Rotteentwicklung. Jetzt können auch **Obst- und Waldbäumchen**, mit zusätzlicher Spritzung des Hornmist- oder Grubenpräparates (8), in der Pflanzzeit gesetzt werden.

Der Schnitt der Zweige für **Advents- und Weihnachtsschmuck:** An den Blütentagen außerhalb der Pflanzzeit

Der Schnitt von **Weihnachtsbäumen** für weite Transporte: an Blütentagen außerhalb der Pflanzzeit.

Stallfliegen: mit Fliegenfänger fangen und an Blütentagen im Stall verbrennen.

Aussaattage Dezember 2022

Dat.	☾ v. Sternb.	Konstellat.	Element ☾	Fruchtorganimpuls durch ☾ oder Planeten		Neigung
1. Do	♓ 15	☉–♏	Li/Wa	Blüte bis 14, ab 15 Blatt	♀☍♂	♄ St
2. Fr	♓		Wasser	Blatt		V E St
3. Sa	♓		Wasser	Blatt		♄ St
49. Woche						
4. So	♈ 12		Wa/Wä	Blatt bis 11, ab 12 Frucht		V E St
5. Mo	♈	☊14 ☌♅	Wärme	Frucht bis 9 ------ ab 21 Frucht		
6. Di	♉ 10		Wä/Er	Frucht bis 9, ab 10 Wurzel		St
7. Mi	♉		Erde	Wurzel		
8. Do	♉	🌕5 ☉☍♂	Erde	Wurzel bis 1 ------ ab 7 Wurzel		☌♂
9. Fr	♊ 9	⋒23	Er/Li	Wurzel bis 8, ab 9 Blüte		St
10. Sa	♊		Licht	Blüte	*Pflanzzeit Beginn 0	St
50. Woche						
11. So	♋ 17		Li/Wa	Blüte bis 16, ab 17 Ag Blüte		
12. Mo	♋	Ag2	Wasser	Ag Blüte bis 5, ab 6 Blatt		
13. Di	♌ 11		Wa/Wä	Blatt bis 10, ab 11 Frucht		V ♄ St
14. Mi	♌		Wärme	Frucht		K E St
15. Do	♌		Wärme	Frucht		
16. Fr	♍ 9		Wä/Er	Frucht bis 8, ab 9 Wurzel		
17. Sa	♍	▲	Erde	Wurzel bis 10, ab 11 Frucht		St
51. Woche						
18. So	♍		Erde	Frucht bis 2, ab 3 Wurzel		K
19. Mo	♎ 22		Er/Li	Wurzel bis 11 ------------		K St
20. Di	♎	☉–♐ ☋3	Licht	------- ab 7 Blüte		
21. Mi	♏		Li/Wa	Blüte bis 4, ab 5 Blatt		
22. Do	♏	▲	Wasser	Blatt bis 1, 2 bis 14 Frucht, ab 15 Blatt		St
23. Fr	♐ 7	🌑12 ◡20	Wa/Wä	Bla bis 6, ab 7 - 21 Fru ----	#Pflanzz Ende 19	St
24. Sa	♐	Heiliger Abend Pg10	Wärme	---------------- ab 23 Frucht		K ♄ St
52. Woche						
25. So	♑ 7	Weihnachten	Wä/Er	Frucht bis 6, ab 7 Wurzel		
26. Mo	♑		Erde	Wurzel		
27. Di	♒ 4		Er/Li	Wurzel bis 3, ab 4 Blüte		
28. Mi	♓ 22	☿☊	Li/Wa	Blüte bis 5 -------------		St
29. Do	♓		Wasser	-------------- ab 19 Blatt		
30. Fr	♓		Wasser	Blatt		
31. Sa	♈ 18		Wa/Wä	Blatt bis 17, ab 18 Frucht		

Pflanzzeit

Die Tierkreissymbole beziehen sich auf die sichtbaren astronomischen Sternbilder, nicht auf die astrologischen Sternzeichen (siehe S. 13)

Merkur	Venus	Mars	Jupiter	Saturn	Uranus	Neptun	Pluto
♏	♏	♉R	♓	♑	♈R	♓R	♐
6. ♐	9. ♐					4. ♓	
29. ♐R							

Notizen:

1.
2.
3.
4.
5.
6.
7.
8.
9.
10.
11.
12.
13.
14.
15.
16.
17.
18.
19.
20.
21.
22.
23.
24.
25.
26.
27.
28.
29.
30.
31.

Monatsbetrachtung Dezember 2022

Wie schon die letzten Jahre treten auch diesen Dezember wieder vermehrt Wärmekonstellationen auf. Die ersten Tage können mit den beiden kühl-feuchten Oppositionen noch etwas frischer werden. Merkur und Venus treten jedoch beide vor den Schützen und bringen voraussichtlich mildere Temperaturen mit sich.

Pflanzzeit: vom 10.12., 0 Uhr bis 23.12., 19 Uhr.
Diese Zeit bietet sich nochmals zum **Baum- und Heckenschnitt** an. Für Fruchtpflanzen Blüten- und Fruchttage bevorzugen.

Pflanzzeit südliche Erde: vom 1.12., 0 Uhr bis 9.12., 22 Uhr und ab 23.12., 13 Uhr.

Schneckenregulierung südl. Erde: 12.12., 6 bis 13.12., 10 Uhr.

Blatt-Samen-Ernte südl. Erde: an den Blatttagen
Frucht-Samen-Ernte südl. Erde: 13.12., 11 Uhr bis zum 16.12., 8 Uhr, sonst an Fruchttagen.
Wurzel-Samen-Ernte südl. Erde: An Wurzeltagen
Blüten-Samen-Ernte südl. Erde: An Blütentagen
------- **Zeiten auslassen**

Für Biodynamiker, Herstellung der vegetabilischen Präparate nach Maria Thun®: 7.12., 20 bis 8.12., 11 Uhr **Eiche** (Eichenrinde), schneiden, füllen und in die Erde geben.(8)
------- Zeiten auslassen.

Der Schnitt der Zweige für **Advents- und Weihnachtsschmuck und Weihnachtsbaumschnitt** an Blütentagen, dann bringen sie den schönen Duft.

Der Veraschungstermin für Gefieder und Felle rotblütiger Tiere 2022: 6.12., 11 Uhr bis 9.12., 1 Uhr. Dann muss die Veraschung abgeschlossen sein.

Wir wünschen unseren Leserinnen und Lesern eine gesegnete Advents- und Weihnachtszeit und beste Gesundheit für das neue Jahr 2023.

Roggenbrotherstellung

Weizen, Gerste, Hafer, Mais, Reis und Hirse lassen sich in der Schrot- oder Mehlmahlung gut mit Hefe oder Backferment backen, aber für Roggen muss man andere Methoden anwenden. Ansonsten haben finnische Forscher festgestellt, dass Krebsveranlagungen im Körper bei Roggenbrotgenuss verschwinden können. Ein ausführliches Roggenbrotrezept findet sich in unserer Schrift „Hinweise aus der Konstellationsforschung".(5) Der Roggen benötigt eine Raumtemperatur von +28° C. Wie erstaunt war ich, als mein Brot in Zeiten mit hoher Außentemperatur vom 1. Ansatz an in vier Stunden alle fünf Aufgänge hinter sich brachte. Es ist offensichtlich, dass das Aufgehen des Sauerteiges nicht nur auf das Mehl gut ausgebildeter Körner, sondern vor allem auf die richtige Temperatur zurückzuführen ist.

Pilzbefall an der Pflanze

Der Pilz hat in der Natur die Aufgabe, absterbendes Leben abzubauen. Er tritt bei der Kulturpflanze auf, wenn unreifer Mistkompost oder unverkompostierte tierische Körpersubstanzen wie Horn- und Knochenspäne usw. angewandt, aber auch, wenn die Samen bei ungünstigen Konstellationen geerntet wurden. Nach R. Steiner: „Wenn die Mondenkräfte auf der Erde zu stark werden...".(1) Man kann dann Tee von Ackerschachtelhalm kochen und den Boden damit dort spritzen, wo befallene Pflanzen stehen. Dann wird das Pilzniveau aus der Pflanze in den Boden heruntergeholt, wo es nämlich hingehört.

Zur Gesundung der Pflanze kann man beitragen, wenn man Brennnesseltee auf die Blätter spritzt. Die Assimilation wird gefördert und eine gute Durchsaftung angeregt, dann verschwinden auch die Pilze.

Günstige Erntezeiten für die Präparatepflanzen

Löwenzahnblüten,
deren Blütenmitte noch geschlossen sein muss, morgens an Licht-Blütentagen
Schafgarbenblüten
bei Sonne im Löwen, also Mitte August, an Wärme-Fruchttagen
Kamillenblüten,
kurz vor Johanni, an Licht-Blütentagen. Achtung: Bei zu später Ernte und beginnender Samenbildung sät man mit einem nicht gut gelungenen Präparat Kamille auf die Felder! Somit treten zu leicht Maden in den hohlen Köpfen auf.
Brennnesseln,
als ganze oberirdische Pflanze, beim ersten Blütenansatz an Licht-Blütentagen um Johanni
Baldrianblüten
an Licht-Blütentagen um Johanni
Alle Blüten auf Papier an schattigen Orten trocknen.
Eichenrinde
(Borke, kein Bast!) an Erd-Wurzeltagen

Die Pflege der Bienen

Das Bienenvolk lebt im Korb oder Kasten in Abgeschlossenheit zur Außenwelt. Als zusätzlichen Schutz kleidet es die Behausung mit Propolis aus, um Ungutes vom Volk fernzuhalten. Die direkte Verbindung zur Umwelt wird durch die Flugbienen hergestellt.

Möchte der Imker den Völkern kosmische Kräfte zugute kommen lassen, müsste er bei den Bienen eine ähnliche Situation schaffen, wie sie der Pflanzenbauer bei der Pflege der Pflanzen vornimmt. Er bearbeitet den Boden. Mit der Luft dringen kosmische Kräfte in den Boden ein, die dann von der Pflanze aufgenommen und bis zur nächsten Bodenbearbeitung genutzt werden können.

Der Imker muss die Behausung des Bienenvolkes öffnen und die Propolisschicht unterbrechen. Dadurch entsteht eine Störung, über die die kosmischen Kräfte den Weg in das Bienenvolk finden und bis zur nächsten Kontrolle wirken können. Auf diese Weise kann der Imker ganz gezielt den Bienen kosmische Kräfte vermitteln.

Nun ist es nicht gleichgültig, welche Umkreiskräfte über den Zeitpunkt der durchgeführten Pflegearbeiten impulsiert werden. Hier kann der Imker ganz bewusst eingreifen und die Tage für entsprechende Bearbeitung benutzen, die für die Entwicklung des Volkes und das Eintragen der Nahrungsstoffe für das Volk in dieser Entwicklungsphase von Bedeutung sind. Das Volk lohnt es dem Imker und gibt ihm von den eingetragenen und gut verarbeiteten Substanzen einen Teil des Honigs ab. Die Erd-Wurzeltage können für die Bearbeitung empfohlen werden, wenn die Völker stärker bauen sollen. Die Licht-Blütentagebearbeitung regt die Bruttätigkeit an und unterstützt den Völkeraufbau. Die Wärme-Fruchttagebearbeitung regt den Eifer zum Nektarsammeln an. Die wässrigen Blatttage sind sowohl für die Bearbeitung als auch für die Honigentnahme und das Ausschleudern des Honigs ungeeignet. Tage, die in unseren „Aussaattagen" weggestrichen sind, sollte auch der Imker nicht für die Völkerkontrollen benutzen.

Seit Ende der siebziger Jahre hat sich die Varroamilbe in den meisten europäischen Bienenständen ausgebreitet. Nach mancherlei Veraschungsvergleichen empfehlen wir, die Varroamilben wie bekannt zu veraschen und die verriebene, also eine Stunde lang dynamisierte Asche mit einem Salzstreuer ganz fein in die Wabengassen zu stäuben. Die Herstellung der Asche wie auch die Anwendung bei den Völkern bleibt bei dem kosmischen Termin Sonne und Mond vor Stier.(3)

Eine Biene auf einer Kornblume.

Die Einfütterung der Bienen

Für die Wintereinfütterung seien Pflanzentees als Zusatz empfohlen, die sich im Hinblick auf die Gesundheit der Völker über viele Jahre bewährt haben. Schafgarbe, Kamille, Löwenzahn und Baldrian benutzt man als Blütendroge und macht einen Aufguss mit kochendem Wasser, nach fünfzehn Minuten absieben. Brennnessel, Ackerschachtelhalm und Eichenrinde kalt ansetzen und aufkochen lassen, nach zehn Minuten absieben und der Futterflüssigkeit zusetzen. Drei Gramm der einzelnen Pflanzendroge und 1/2 Liter des einzelnen Tees reichen für 100 Liter Futterflüssigkeit. Dies ist besonders wichtig in Jahren, die zuletzt Blatttracht brachten (3). Hier soll nochmals auf eine Korrektur hingewiesen werden. In unserem Bienenbuch schreiben wir von 10 g der einzelnen Droge. Das ist nicht richtig! Diese Angabe geht auf eine andere Futtermenge zurück. Wie oben beschrieben sollen es höchstens 3 g sein. Wir bitten um Entschuldigung.

Zwei Bienenschwärme haben sich als Trauben an einen Baum gehängt.

Bäume, Wälder und Planeten Fortsetzung von Seite 7

2021 war ein Jahr mit sehr viel mehr Regen als das Vorjahr und auch der Natur sieht man das an. Trotzdem werden die Landschaften noch immer von Waldstücken gezeichnet, in denen die Probleme aus 2020 weiter große Nachwirkungen haben. Ein Verständnis für Bäume zu entwickeln, ist daher eine wichtige Aufgabe, um den Umgang mit Baum und Wald natürlich und selbstverständlich zu halten. Entsprechende Bestrebungen haben im deutschsprachigen Raum auch Autoren wie Peter Wohlleben und Erwin Thoma in den letzten Jahren geleistet und die Themen Wald und Baum in das Zentrum der Aufmerksamkeit gerückt.

Rudolf Steiner hat sich im Landwirtschaftlichen Kurs auch den Bäumen gewidmet. Er beschrieb Bäume als aufgestülpte Erde. Man solle einen Baum also entsprechend behandeln und statt Bodenpflege, Rindenpflege betreiben. Die Baumpaste wird daher auch auf der bereits mit einer rauen Bürste bearbeiteten Rinde aufgetragen. 2019 haben wir die Baumpaste und deren Anwendung bereits einmal thematisiert, daher hier eine auf das Wichtigste beschränkte Version.

Eine Schadfläche im Jenaer Raum. Einem Sturm konnten viele der Bäume nach der Schwächung durch Borkenkäfer und den Wassermangel nicht standhalten.

Ebenfalls im Jenaer Raum. Drei sichtbare Merkmale eines Käferbefalls am Baum sind: 1. feine, vor allem für das geübte Auge erkennbare Einbohrlöcher der Käfer in der Rinde. 2. eine sichtbar lichtere Krone. 3. am Boden erkennbare, abgeworfene, noch grüne Nadeln.
Hier zu sehen sind bereits ältere Fälle.

In seiner Thematisierung von Bäumen, unterteilte Rudolf Steiner den Baum in Erdsaft, Holzsaft, Lebenssaft und Kambium. Maria Thun übersetzte diese Unterteilung in ihrem Buch „Bäume, Hölzer und Planeten“ in:

Erdsaft - Erde
Holzsaft - Wasser
Lebenssaft - Luft/Licht
Kambium - Wärme

Der Erdsaft sei eine belebte Flüssigkeit in der Erde selbst. Der Holzsaft ist die Flüssigkeit, die im Baum selbst bewegt wird (also vor allem Wasser). Als Lebenssaft bezeichnete sie die Luft-Licht-Tätigkeit im Baum selbst, also das, was dem Baum ermöglicht die Wirkungen der Himmelskörper aufnehmen zu können. Der Lebenssaft findet sich unter anderem im Kambium. Das Kambium bildet die lebendige Schicht, direkt unter der Rinde. Beim Düngen des Baumes über die Rinde, dringt der Dünger zum Kambium vor. Damit wird das Kambium darauf vorbereitet mit dem Lebenssaft die Wirkungen von Sternen, Planeten und Mond aufzunehmen. Des Weiteren kann Fladenpräparat zur Düngung genutzt werden. Es wird in die Krone gespritzt. Da das Fladenpräparat selbst nie auf die Pflanze direkt gegeben wird, sollte es im Baum auch nur auf die kahle Krone gegeben werden.

In unserem Kalender geben wir bereits seit vielen Jahren die Sä- und Fällzeiten von Bäumen an. Immer wieder kommt es dabei vor, dass für manche Bäume nur wenige und das Sonnenjahr betreffend ungünstige Zeiten vorgeschlagen werden. Das hängt mit den Konstellationen zusammen, die von uns beachtet werden. Einige Konstellationen treten in manchen Jahren selten und in anderen Jahren sehr häufig auf. Jedoch gibt es auch, wenn keine speziellen Zeiten vorgegeben werden können, weil es an Konstellationen fehlt, einige Grundregeln, an die man sich halten kann.

Pollenflug des Haselbaums.

Die Konstellationen, nach denen wir die Termine zum Fällen besonderer Hölzer auswählen, hängen mit den Planeten zusammen, denen die verschiedenen Bäume zugehörig sind. So sind zum Beispiel die meisten Nadelhölzer in enger Verbindung mit dem Saturn. Wie auch der Mond auf- und absteigend wird (danach wird die von uns gekennzeichnete „Pflanzzeit“ ausgemacht), werden Planeten auf- und absteigend. Ist der Saturn also absteigend, ist die Zeit günstiger Nadelbäume zu pflanzen, weil sie besser anwachsen und weniger Probleme mit Schädlingen haben. Die Umlaufbahnen der Planeten sind jedoch sehr viel länger und damit für uns langsamer als die des Mondes, weshalb es auch länger dauert, bis ein aufsteigender Planet absteigend wird. In den Zeiten, in denen der nächste absteigende Planet noch fern ist, empfehlen wir daher insbesondere die Berücksichtigung der von uns empfohlenen Konstellationen. Der Saturn hat zum Beispiel eine Umlaufbahn von ungefähr 30 Jahren, wäre also 15 Jahre lang aufsteigend, bevor er 15 Jahre absteigend werden kann. Beim Jupiter handelt es sich um insgesamt 12 Jahre, der Mars ist circa 2 Jahre unterwegs, die Venus 584 Tage und der Merkur 116 Tage. Diese Zeitspannen folgen Angaben von Maria Thun, beziehen sich jedoch auf die Umlaufbahn der Planeten um die Sonne. Von der Erde aus betrachtet werden Planeten zu etwas anderen Zeiten auf- und absteigend, weil die Erde eine Eigenbewegung hat. Die Zeitangaben können da also variieren.

Eine alte Schadfläche.

Einige der Schadflächen werden bereits von anderen Pflanzen erobert; vorläufig.

In dieser Tabelle sind noch einmal die Planeten mit den ihnen zugehörigen Bäumen auf der Linken abgebildet, auf der Rechten haben wir die Zeiten angegeben, zu denen die Planeten absteigend sind. Es handelt sich also um günstige Zeiten zum Pflanzen von diesen Bäumen. Diese Zeiten sind kein Ersatz für die Zeiten, die wir als Sä- und Fällzeiten angegeben haben, sie können lediglich ergänzend dazu genutzt werden. In die Sä- und Fällzeiten, die von uns angegeben werden, spielen noch weitere Faktoren hinein.

Die angegebenen Bäume sind lediglich diejenigen, zu denen es eine in jeder Hinsicht zutreffende und einfache Zuteilung gibt.

Planeten und Bäume	absteigende Zeiten
Merkur Erle, Lärche, Ulme	bis 19.1., 13.2. - 29.3., 4.5. - 5.6., 9.7. - 23.8., 11.9. - 27.9., 5.10. - 14.10, ab 7.12.
Venus Birke, Birne, Lärche, Linde, Robinie, Weide	bis 26.1., 23.2. - 5.5., 20.7. - 1.10., ab 13.12.
Mars Eiche, Kirsche, Marone, Rosskastanie	26.1. - 29.5., ab 7.12.
Jupiter Ahorn, Apfel, Buche, Marone, Olive, Walnuss, Pfirsich, Aprikose	bis 25.5., 25.7. - 26.9., ab 20.11.
Saturn Fichte, Buche, Hainbuche, Kiefer, Palme, Pflaume, Tanne, Thuja, Wacholder, Zeder, Zwetschge	bis 31.5., ab 21.10.

Notizen:

Neben auf- und absteigenden Planeten, bietet es sich auch an, nur in der Pflanzzeit zu fällen, da die Bäume zu der Zeit weniger Flüssigkeit im Stamm haben und das Holz somit schneller und gesünder trocknet. Das heißt, es kommt im Trockenvorgang seltener zu Rissen im Holz und durch die verminderte Feuchtigkeit fallen weniger Schäden durch Pilze an. Außerdem bieten sich für besonders hohe Holzqualität Blütentage an; insbesondere wenn das Holz für Musikinstrumente genutzt werden soll. Blatttage sollten hingegen gemieden werden, ebenso die von uns als gestrichen (- - -) markierten Zeiten.
Bei den Konstellationen, die besonders günstig sind, handelt es sich in der Regel um Oppositionen oder Trigone, an denen die entsprechenden Planeten zu bestimmten Zeiten beteiligt sind. Da je nach Stellung auch Oppositionen ungünstig werden können, raten wir, sich nach den von uns empfohlenen Zeiten zu richten.

Es gibt zwar einige Ausnahmen dieser Regel, doch im Allgemeinen kann man die obersonnigen Planeten (Mars, Jupiter und Saturn) den Harthölzern zuteilen und die untersonnigen Planeten (Merkur, Venus, (Mond)) den Weichhölzern. Die Planeten Uranus, Neptun und Pluto werden nur in Verbindung mit anderen Planeten in positiven, heilenden Maßnahmen genutzt, da ihr Auftreten von anderer Natur ist. Wo Saturn und Merkur der Wärme zugeordnet werden, ist es bei Pluto der Vulkanismus. Jupiter und Venus sind Lichtplaneten, Uranus wird der Elektrizität zugeordnet. Mars und Mond sind wässrig, der Neptun wird mit Magnetismus in Zusammenhang gebracht.

Als Venus-Pflanze ist die Birke unter den Bäumen einer der Luft-Licht-Bäume. Im Fall der Birke zeigt sich diese Verwandschaft auch durch die Liebe zum Licht. Sie steht gerne alleine oder in kleinen Gruppen, wo sie nicht mit Eiche oder gar Buche um das Licht kämpfen muss. Die Birke gehört jedoch zu den Pionierpflanzen und ist daher oft zwar der Erste an einem Ort, wird jedoch in vielen Fällen auch schnell wieder verdrängt. Davon abgesehen können die jungen Blätter der Birke, auch in getrocknetem Zustand, die Nierentätigkeit anregen und als Entwässerungstee getrunken werden.

Für die Baumpaste nehme man:

- Kuhfladen (vorzugsweise von weiblichen Kühen, die mindestens eine Laktation durchlaufen haben und einige Tage mit Heu und Stroh gefüttert wurden.)
- Lehm
- Basaltmehl
- Asche
- Molke

Die Zutaten werden vermengt und eine Stunde umgegraben, um die Paste zu dynamisieren. Anschließend wird der Baum auf die Anwendung vorbereitet, indem man die schon verwitterte Rinde eines alten Baumes mit einer Drahtbürste bearbeitet. Bei jüngeren Bäumen mit weicherer Rinde können auch, zum Beispiel, Wurzelbürsten genutzt werden. Die Baumpaste wird nun mit etwas Wasser aufgelöst und mit einem Pinsel auf die bearbeitete Rinde aufgetragen. Anschließend kann die behandelte Rinde, damit Wind und Wetter die Paste nicht abträgt, mit entsprechendem Stoff verbunden werden.

Unter anderem bei intensiver Heckenpflege, bietet es sich an auch die Baumpaste anzuwenden.

2018 haben wir unseren kränkelnden Apfelbaum mit der Baumpaste behandelt und sie anschließend in den Aussaattagen 2019 besprochen. Nach der Anwendung der Baumpaste hat der Apfelbaum sich wieder erholt und blüht nun jedes Jahr schön und ausführlich.

Bilder von Walter Thun

Im letzten Jahr haben wir uns nicht nur intensiv mit der Arbeit von Maria Thun auseinandergesetzt, sondern auch das Atelier von Walter Thun wiederentdeckt. Seit dem Ableben Walter Thuns wurde sein Atelier aus Respekt vor dem Künstler in diesem Zustand belassen. Über die inzwischen 37 Jahre, die dieses Atelier nicht angerührt wurde, ist einiges jedoch in Vergessenheit geraten und Anderes erlag dem Zahn der Zeit. Zum Glück traf letzteres vor allem auf eingetrocknete Farben und von Motten zerfressene Pullover zu. Was uns jedoch überrascht und zutiefst erfreut hat, sind die noch unbekannten Bilder, die wir in diesem Atelier gefunden haben. Einerseits handelt es sich um verschiedene Zeichnungen und Skizzen, andererseits auch Öl- und Aquarellbilder, manche noch unvollendet, andere bereits signiert. Ein unvollendetes Bild haben wir bereits letztes Jahr mit dem Cover der Aussaattage 2021 präsentiert. Das Bild, das wir dieses Jahr für das Cover genutzt haben, ist ebenfalls eins der neu entdeckten Werke Walter Thuns, in dem Fall eins der von ihm vollendeten Bilder.
Die Bilder Walter Thuns waren immer ein Bestandteil der Aussaattage. Ob als Cover, als Illustration oder Erläuterung. Natürlich war Walter Thun aber mehr als nur der Illustrator der Aussaattage; er war auch ein davon unabhängiger Künstler.
Die Gelegenheit, die uns diese Auseinandersetzung mit der Arbeit von Walter Thun bietet, wollen wir nutzen, um in diesem und voraussichtlich auch den nächsten Jahren neue wie alte Bilder von ihm auf wenigen Seiten zu besprechen. Im Umgang mit Bildern gibt es verschiedene Herangehensweisen. Bilder können von Verwandten und Bekannten eines Künstlers oft auf eine andere, privatere Weise betrachtet werden, als zum Beispiel von außenstehenden Kunsthistorikern. Der Blick auf die Bilder von Walter Thun war in den Aussaattagen bis jetzt immer sehr intim. Die Bildbesprechungen, die auf den ersten Seiten der Aussaattage stehen, sind in der Regel ein sehr subjektiver und direkt auf die Aussaattage bezogener Kommentar zu den jeweiligen Bildern. Etwas, das auch jene ansprechen soll, die sich in ihrem Alltag nicht mit Kunst auseinandersetzen. Es liegt uns jedoch am Herzen, den Blick auf die Bilder Walter Thuns etwas zu öffnen und auch heute, ohne eine der Öffentlichkeit zur Zeit zugänglichen Galerie, die Möglichkeit zu bieten, sich mit diesen Bildern weiter auseinanderzusetzen. Außerdem haben wir die Gelegenheit beim Schopf gepackt und den Preis für die Drucke für alle erschwinglicher gemacht.

In der kurzen Bildbetrachtung, die wir zu dem Bild „Bäume im Frühling“ auf den ersten Seiten der Aussaattage geschrieben haben, wurde bereits darauf hingewiesen, dass dieses Bild zwar nicht datiert wurde, man ihm aber ansieht in welchem Zeitraum es entstanden sein muss. Der Umgang mit Farbe und Form, beziehungsweise die Freiheit in diesem Umgang und die Art der Abstraktion, sind beispielhaft für die jüngsten Werke von Walter Thun. Um das etwas zu verdeutlichen, würden wir hierzu eins der älteren Bilder des Künstlers zum Vergleich heranziehen.
„Blütenbaum bei Sonnenaufgang“ (1977) ist ein Bild, das zu den ersten gehört haben muss, die Walter Thun in seinem Atelier in Dexbach gemalt hat.

Die beiden Darstellungen sind wahrscheinlich mit unterschiedlichen Intentionen gemalt und sollen auch hier nicht gleichgesetzt werden. Die verschiedenen Stilentscheidungen hängen auch mit der Stimmung zusammen, die der Künstler erschaffen wollte, und die Unterschiede liegen nicht ausschließlich an den Jahren, die zwischen den Bildern liegen. Jedoch ist „Blütenbaum bei Sonnenaufgang“ in der Art der Darstellung, mit der sanften Farbgebung, den harmonischen und fast zärtlichen Formen und der ruhigen Ausstrahlung des ganzen Bildes, beispielhaft für eine ganze Reihe von Bildern, die zwischen 1977 und 1981 entstanden sind; um einige Beispiele zu nennen: „Kirchgarten in Amönau“ (1977), „Reh am Waldsee“ (1978), „Steg zum anderen Ufer“ (1980) und „Blütenbaum“ (1981). Alle diese Bilder sind auf unserer Webseite einzusehen. Starke Farbkontraste sind in diesem Zeitraum nur sehr selten in seinen Bildern zu finden, anders als auf älteren und jüngeren Bildern, wie „Märchenbuche“ (1949) und „Quellenidyll“ (1961), oder unser aktuelles Titelbild "Bäume im Frühling". Man kann also davon sprechen, dass Walter Thun, (vor allem in seinen Aquarellen) früh sehr kontrastreiche und „charakterstarke“ Bilder gemalt hat, anschließend eine Phase hatte, in der er mehr auf Harmonie und ein sanfteres Wechselspiel der Farben geachtet hat und später wieder mehr mit Farbkontrasten und ähnlichem zu arbeiten schien.
Vergleicht man „Blütenbaum bei Sonnenaufgang“ mit „Bäume im Frühling“, muss man sich der Intention des Künstlers also bewusst bleiben, es soll nicht das gleiche Bild sein, trotzdem kann man Technik, Form und Farbe vergleichen. Außerdem kann, und darauf gehen wir noch ein, die Theorie aufgestellt werden, dass es sich bei beiden Bildern um Osterdarstellungen handelt.

Das Atelier von Walter Thun blieb nach seinem Ableben weitestgehend unangetastet. Pinsel und Farben sind eingetrocknet und über allem liegt Staub, die meisten Bilder sind aber glücklicherweise unbeschädigt.

Walter Thun, Bäume im Frühling, Jahr unbekannt, Öl, 47 x 61 cm

Walter Thun, Blütenbaum bei Sonnenaufgang, Öl, 1977, 75 x 58 cm

Das Bild wurde beschädigt und muss noch restauriert werden.

Ähnlich wie in „Bäume im Frühling“ steht auch hier ein Baum leuchtend im Zentrum des Bildes, von diesem Detail abgesehen unterscheiden sie sich jedoch an einigen Stellen entscheidend. Allein der gewählte Standort dieses Baumes könnte kaum andersartiger sein. In der älteren Darstellung steht der Baum auf einem offenen Hügel umgeben von freundlicher, sanfter Natur; in „Bäume im Frühling“ blickt man in einen geheimen Hain, auf Felsen und von toten Stämmen eingerahmt.

Die Unterschiede zwischen den beiden Darstellungen zeigen sich in einer Weise der Entwicklung, die vergleichbar mit der Entwicklung der Kunst selbst ist. Betrachtet man die Art in der sich darstellende Kunst seit den ersten Bildern in Formen von Höhlenmalerei, über das Alte Ägypten, das Mittelalter und die Moderne, bis hin zu unserer zeitgenössischen Kunst entwickelt hat, so fällt eine Parallele zu der Entwicklung, die viele Künstler machen, auf. Natürlich ist das in dem Zusammenhang dieses kleinen Heftchens stark vereinfacht, doch jedes Kind fängt an mit Zeichnungen, die leicht mit Höhlenmalerei zu vergleichen sind. Erstmal bestehen von Kindern gemalte Menschen aus kaum mehr als ein paar Strichen. Dann geht es weiter mit Formen. Blumen, Wolken und Sterne werden nicht so gemalt, wie sie tatsächlich aussehen, sondern bedienen sich eines starken Symbolismus, ähnlich den Darstellungsarten, die in alten Pyramiden zu finden sind.
Es dauert schließlich eine Weile, bis der Jugendliche beginnt mit Perspektive in seinen Bildern zu arbeiten, etwas das erst im Mittelalter Einzug in die Kunst fand. Schließlich kam mit dem Naturalismus eine derart naturgetreue Darstellung, dass gemalte Bilder von Photographien kaum zu unterscheiden waren und Künstler begannen sich, über die naturgetreue Darstellung hinaus, abstrakteren Darstellungsweisen zu widmen. Auch in ihrer eigenen Entwicklung kommen Künstler häufig an diesen Punkt. Um ein sehr bekanntes Beispiel zu nennen: Pablo Picasso malte mit Werken wie „Die Erste Kommunion“ 1896 ausgesprochen realistische Bilder, die so noch nichts mit den abstrahierten Bildern, für die er später berühmt wurde (Beispiel: „Guernica“ 1937), gemein haben. Unter diesen Voraussetzungen und dieser Art der Entwicklung, die Künstler mit ihren Bildern häufig machen, muss man die Bilder betrachten, die wir hier vergleichen wollen.
Das Erste der beiden Bilder, „Blütenbaum bei Sonnenaufgang“, ist ein in sich zutiefst harmonisches Bild. Die Farben sind liebevoll aufeinander abgestimmt, es gibt zwar Kontraste, die sind aber so sanft, dass sie kaum als Kontraste wahrgenommen werden. Das ganze Bild bedient sich einer nahezu hellenistischen Harmonie. Die Bewegung, die das Bild macht, ist rund und ausgeglichen. Symbolisch richtet sich das Bild an das Verstehen. Die in Paaren auftretenden Hasen und Vögel, die Schatten, die der Logik halber geworfen werden müssen, jedoch sehr hell und freundlich bleiben, das Leuchten, das von Baum und Sonne ausgehen kann, weil die Sonne durch den Baum bricht. Das Bild ist „vernünftig“, fordert den Blick der Betrachter nicht heraus, sondern kommt ihm freundlich entgegen. Über das Verstehen der Hinweise, die das Bild gibt, vermittelt es den Betrachtern ein Gefühl.

Der Unterschied zu dem zweiten Bild "Bäume im Frühling" liegt in erster Linie darin, dass dieser Umweg über das Verstehen nicht mehr gemacht wird. Zwischen diesen beiden Bildern hat eine Entwicklung stattgefunden, die es dem Künstler erlaubt Umwege und nicht essenzielle Details wegzulassen. Auch wenn "Bäume im Frühling" kein abstraktes Bild ist, schließlich erkennen die Betrachter die gegenständlichen Teile des Bildes noch, ist es doch abstrahiert. Das heißt: Auch wenn man die Gegenstände noch erkennt, sehen sie nicht mehr so aus, wie man ihnen in der Natur begegnet; ähnlich den Gesichtern auf späteren Bildern von Picasso: Auge, Mund und Nase sind noch da, nur nicht so wie man sie erwartet. Ähnlich, wenn auch auf ganz andere Weise, ist es in „Bäume im Frühling": Man erkennt noch Bäume und Sträucher, einige Steine, doch alles drum herum musste weichen.

Ob es sich bei den beiden Bildern tatsächlich um Osterbilder handelt, können wir nicht sagen, weil dazu Aufzeichnungen fehlen, beide Bilder legen jedoch nahe, dass der Morgen am Ostersonntag dargestellt werden soll. In beiden Fällen handelt es sich um herrliche Lichtgestalten, auf dem ersten Bild ein von Vögeln umjubelter Morgen mit aufgeweckten Hasen; im zweiten Bild mit dem auf einem Berg thronenden, von zwei kleineren Gefährten begleiteten Baum, dessen Krone an ein Kreuz erinnert, kann man eine Anspielung auf Golgota herauslesen. Leuchtend und herrlich kann, geht man auf die Golgota-Lesung des Bildes ein, nur der Tag der Auferstehung, der Morgen des Ostersonntag, gemeint sein.

Durch die Wahl der Darstellung, die abstraktere Herangehensweise, wird dem Künstler erlaubt mit anderen Assoziationen zu spielen. So erinnert die Art und Weise in der das Licht gebrochen wird, an Kirchenfenster, was der Szene einen ehrfürchtigen Glanz verleiht. In aller Ähnlichkeit schafft die zweite, jüngere Darstellung es, etwas zu vermitteln, das das ältere Bild nur symbolisch andeuten konnte.

Da wir momentan neben der Arbeit von Maria Thun auch die künstlerische Arbeit von Walter Thun aufarbeiten, den wir selbst nicht mehr kennenlernen durften, würden wir uns sehr über Erzählungen und kleine Brocken Wissens zu ihm und seiner Arbeit freuen. Sowohl zur Zuordnung einiger Bilder, als auch in Hinblick auf die Galerie, welche wir in den nächsten Jahren wiederaufbauen und der Öffentlichkeit zur Verfügung stellen wollen, wäre das eine außerordentlich große und gerne gesehene Hilfe.

Notizen:

Fällzeit für besondere Hölzer 2022	
08.01	Eibe, Eiche, Kastanie, Kirsche, Marone, Kirschlorbeer, Schwarze Johannisbeere
28.04	Erle, Lärche, Ulme, Pfirsich, Aprikose
25.05.	Erle, Lärche, Ulme, Pfirsich, Aprikose
10.06.	Erle, Lärche, Ulme, Pfirsich, Aprikose
16.06	Esche, Hasel, Tanne, Zeder, Fichte, Eberesche, Mirabelle, Mirabellane, Hainbuche, Buche, Kiefer, Thuja, Wacholder, Palme, Quitte, Pflaume, Zwetschge, Schlehe
21.06.	Birne, Birke, Lärche, Linde, Robinie, Weide, Mirabelle, Mirabellane
02.07.	Erle, Lärche, Ulme, Pfirsich, Aprikose, Fichte, Hainbuche, Buche, Kiefer, Tanne, Thuja, Wacholder, Palme, Quitte, Pflaume, Zwetschge, Schlehe, Zeder
17.07	Erle, Lärche, Ulme, Pfirsich, Aprikose, Magnolie, Esche, Hasel, Tanne, Zeder, Fichte, Eberesche, Mirabelle, Mirabellane
23.07.	Erle, Lärche, Ulme, Pfirsich, Ahorn, Apfel, Marone, Walnuss, Olive, Aprikose, Reneklode, Buche
07.08.	Birne, Birke, Lärche, Linde, Robinie, Weide, Mirabelle, Mirabellane, Magnolie
16.08.	Erle, Lärche, Ulme, Pfirsich, Aprikose, Schwarze Johannisbeere, Salweide, Schneeball, Pappel, Flieder
22.08.	Birne, Birke, Lärche, Linde, Robinie, Weide, Mirabelle, Mirabellane
11.09.	Esche, Hasel, Tanne, Zeder, Fichte, Eberesche, Mirabelle, Mirabellane, Schwarze Johannisbeere
19.09.	Esche, Hasel, Tanne, Zeder, Fichte, Eberesche, Mirabelle, Mirabellane, Weißdorn
20.09.	Birne, Birke, Lärche, Linde, Robinie, Weide, Mirabelle, Mirabellane, Schwarze Johannisbeere, Salweide, Schneeball, Pappel, Flieder
26.09.	Birne, Birke, Lärche, Linde, Robinie, Weide, Mirabelle, Mirabellane
27.09.	Erle, Lärche, Ulme, Pfirsich, Aprikose
07.10.	Erle, Lärche, Ulme, Pfirsich, Aprikose
14.10.	Birne, Birke, Lärche, Linde, Robinie, Weide, Mirabelle, Mirabellane, Fichte, Hainbuche, Buche, Kiefer, Tanne, Thuja, Wacholder, Palme, Quitte, Pflaume, Zwetschge, Schlehe, Zeder
17.10.	Esche, Hasel, Tanne, Zeder, Fichte, Eberesche, Mirabelle, Mirabellane, Eibe, Eiche, Kastanie, Kirsche, Marone, Kirschlorbeer
23.10.	Erle, Lärche, Ulme, Pfirsich, Aprikose, Fichte, Hainbuche, Buche, Kiefer, Tanne, Thuja, Wacholder, Palme, Quitte, Pflaume, Zwetschge, Schlehe, Zeder
27.10.	Erle, Lärche, Ulme, Pfirsich, Aprikose Eibe, Eiche, Kastanie, Kirsche, Marone, Kirschlorbeer
12.11.	Birne, Birke, Lärche, Linde, Robinie, Weide, Mirabelle, Mirabellane, Magnolie
15.11.	Esche, Hasel, Tanne, Zeder, Fichte, Eberesche, Mirabelle, Mirabellane, Birne, Birke, Lärche, Linde, Robinie, Weide, Ahorn, Apfel, Marone, Walnuss, Olive, Pfirsich, Aprikose, Reneklode, Buche

16.11. Erle, Lärche, Ulme, Ahorn, Apfel, Marone, Walnuss, Olive, Pfirsich, Aprikose, Reneklode, Buche

28.11. Eibe, Eiche, Kastanie, Kirsche, Marone, Kirschlorbeer, Fichte, Hainbuche, Buche, Kiefer, Tanne, Thuja, Wacholder, Palme, Quitte, Pflaume, Zwetschge, Schlehe, Zeder

17.12. Erle, Lärche, Ulme, Pfirsich, Aprikose, Schwarze Johannisbeere, Salweide, Schneeball, Pappel, Flieder

22.12. Birne, Birke, Lärche, Linde, Robinie, Weide, Mirabelle, Mirabellane, Schwarze Johannisbeere, Salweide, Schneeball, Pappel, Flieder

Für Bäume, die nicht genannt sind, eignen sich im November und Dezember die Blütentage, die in der Pflanzzeit liegen.
Auf der südlichen Erdhälfte die Blütentage im absteigenden Mond in den Wintermonaten.

Weidenkätzchen im Herbst.

Zuordnung zu den Fruchtungsgruppen

Blütenpflanzen

Artischocke
Blumenzwiebeln
Blütenziersträucher
Blütenkräuter
Blütenpflanzen
Brokkoli
Rosen
Sonnenblume

Wurzelpflanzen

Kartoffel
Knoblauch
Knollensellerie
Meerrettich
Möhre
Pastinake
Radieschen
Rettich
Rote Bete
Schwarzwurzel
Topinambur
Zwiebel für Knolle

Blattpflanzen

Blattkräuter
Blumenkohl
Chicorée
Chinakohl
Endivien
Feldsalat
Fenchel
Grünkohl
Knollenfenchel
Kohlrabi
Kopfsalat
Lauch
Mangold
Pflücksalat
Porree
Rhabarber
Rosenkohl
Rotkohl
Spargel
Spinat
Stangensellerie
Weißkohl
Zwiebel-Schlotte

Fruchtpflanzen

Aubergine
Buschbohne
Erbse
Feuerbohne
Getreide
Gurke
Kürbis
Linse
Melonen
Mais
Paprika
Soja
Stangenbohne
Tomate
Zucchini
Zuckermais

Literaturhinweise:

(1) Geisteswissenschaftliche Grundlagen zum Gedeihen der Landwirtschaft, Rudolf Steiner GA 327 (Landwirtschaftlicher Kurs)
(2) Über die Bienen, Rudolf Steiner GA 351
(3) Die Biene - Haltung und Pflege, Matthias K. Thun
(4) Unkraut-und Schädlingsregulierung, Maria Thun®
(5) Hinweise aus der Konstellationsforschung, Maria Thun®
(6) Kosmologische und Evolutionsaspekte zum «Landwirtschaftlichen Kurs» Rudolf Steiners, Maria Thun®
(7) Die Sendung Michaels, Rudolf Steiner, 1919, GA 194

- Als Grundlagen der astronomischen Berechnungen dienten allgemein zugängliche Ephemeriden und eigene Erfahrungen aus der Versuchsarbeit.

Literaturempfehlungen:

1.) Geisteswissenschaftliche Grundlagen zum Gedeihen der Landwirtschaft, Rudolf Steiner (Die Grundlagen der biologisch-dynamischen Wirtschaftsweise, GA 327)
2.) Rhythmen der Sterne, Schulz-Vetter, Verlag am Goetheanum, CH-4143 Dornach
3.) Planetenkarte, Institut für Strömungswissenschaften, D- 79737 Herrischried
4.) Flensburger Hefte Verlag, nur noch als Online-Handel unter: flensburgerhefte-shop.de
5.) Gartenrundbrief, biologisch-dynamisch, Dipl. Ing. Iris Mühlberger, Fax (07958) 926393 www.gartenrundbrief.de, redaktion@gartenrundbrief.de

Bezugsquellen für die biologisch-dynamischen Spritz- und Kompostpräparate:

CvW KG bio. dyn. Präparatezentrale Co. v. Wistinghausen, Brunnenhof Mäusdorf, Hohe Straße 25 D- 74653 Künzelsau, Fon (07940) 2230 Fax (07940) 4911, www.praeparatezentrale.de, brunnenhof@biologisch-dynamisch-bewegt.de

Nachdem Wedig v. Bonin verstorben ist, wurden die Präparateaktivitäten vom Hof Eichwerder eingestellt und von der Steiner&Wolff GbR, Gneisenaustr.59, 10961 Berlin, übernommen. www.praeparatekiste.de, info@praeparatekiste.de

Rührfässer für die bio. dyn. Präparate: Arnim von Wistinghausen, D- 88690 Mühlhofen, Tel: (07556) 932948 Fax: (07556) 932948 www.ruehrfaesser.de

Die auf den Seiten 63 und 64 angekündigten Schriften können auch direkt bezogen werden von dem:
Aussaattage-Verlag Thun & Thun OHG, Rainfeldstraße 16, D-35216 Biedenkopf, Fax (06461) 4714, e-mail thunverlag@aussaattage.de, ebenso das Abonnement der Aussaattage und Farbreproduktionen der Malereien von Walter Thun.

Im Netz finden sie uns unter: https://thun-verlag.com

Im „Aussaattage-Verlag Thun & Thun OHG“ sind erschienen:

1. **„Hinweise aus der Konstellationsforschung** für Bauern, Weinbauern, Gärtner und Kleingärtner“ Grundlagenwerk zum Verständnis der Sternenwelt. Die Wirkung kosmischer Konstellationen bei dem Düngeranfall der Tiere, bei Mistrottevergleichen, bei Aussaat-, Hack- und Erntevergleichen und der Weiterverarbeitung zum Nahrungsmittel, bei der Herstellung von Fladenpräparat, Hornmist und Hornkiesel. Detailempfehlungen für den Wein-, den Getreide-, und Gemüsebau, Anbau und Pflege von Kartoffeln, Ölfrüchten, Blütenpflanzen und Gewürzkräutern. Die Pflege der Wiesen und Weiden. Zum Studium der kosmischen Rhythmen geeignet wie auch ihrer Auswirkung auf die Witterung und verschiedene Lebensgebiete.

8. wesentlich erweiterte Auflage, 210 Seiten

Maria Thun® — ISBN 978-3-928636-09-4

2. **„Unkraut- und Schädlingsregulierung** aus der Sicht der Konstellations- und Potenzforschung“ Ergebnisse langjähriger Unkrautversuche und daraus resultierende Empfehlungen für die Praxis. Beobachtungen und Erfahrungen mit tierischen Schädlingen sowie Methoden zu ihrer Regulierung. Das Naturreich der Pilze, ihre Pflege und zuweilen notwendige Bekämpfung.

Erscheint nach Neuauflage

Maria Thun® — ISBN 978-3-928636-42-1

3. **„Milch und Milchverarbeitung“** aus der Sicht der Konstellationsforschung. Fünfjährige Milchverarbeitungsvergleiche mit der Milch von Bergziegen, Konstellationsempfehlungen und Rezepte für die Herstellung von Butter, verschiedensten Käsesorten und Joghurt. Der Umgang mit Milch und Molke. Neuere Vergleiche mit Milch von Milchschafen. Die Beziehung zu anderen Lebensbereichen.

2. erweiterte Auflage, 64 Seiten

Maria Thun® — ISBN 978-3-928636-00-1

4. **„Das Bild der Sterne im Wandel der Zeit“** unter besonderer Berücksichtigung seltener Konstellationen von 1991 bis 1998. Zum besseren Verständnis des Hintergrundwirkens kosmischer Rhythmen und Konstellationen und ihrer Auswirkungen auf verschiedene Lebensbereiche auf der Erde.

Erscheint nach Neuauflage

Maria Thun® — ISBN 978-3-928636-39-1

5. **„Die Biene - Haltung und Pflege“** aus der Sicht der Konstellationsforschung. Abwicklung aller Tätigkeiten am Bienenvolk. Berücksichtigung von Beutenart und Material. Die Strohbeute und ihre Herstellung. Verjüngungsmöglichkeiten der Völker. Unterstützung des Bienenlebens und der Bienentätigkeit durch Berücksichtigung kosmischer Rhythmen. Regulierung von Krankheiten auf biologischer Basis.

Erscheint nach Neuauflage, 312 Seiten

Matthias K. Thun — ISBN 978-3-928636-61-2

6. **„Der Wanderer“** Kunstband mit Bildern von Walter Thun und Erzählungen von Maria Thun

Erscheint nach Neuauflage, 48 Seiten

Maria Thun® — ISBN 978-3-928636-12-4

7. „Tausendgulden- und Hellerkräuter". Der 1. Teil enthält Empfehlungen über den Umgang mit Kräutern und Unkräutern bei Unpässlichkeiten. Der 2. Teil befasst sich mit den biologisch-dynamischen Präparatepflanzen. Es wurden aus Schafgarbe, Kamille, Brennnessel, Löwenzahn und anderen Pflanzen Tees hergestellt, die zu Spritzungen bei Kulturpflanzen verwandt wurden und sowohl gesundende Faktoren hervorriefen als auch ertragsteigernde Wirkungen zeigten. Mit Berichten von vier Versuchsjahren.

2. Auflage 175 Seiten

Maria Thun®

ISBN 978-3-928636-62-9

8. „Bäume, Hölzer und Planeten", das etwas „andere" Bäumebuch

In diesem Buch werden die Beziehungen von zweiunddreißig Baumarten zu den klassischen Planeten beschrieben, auch deren Hölzer und ihre Verwendung in den verschiedenen Lebensbereichen wie im Handwerk, in der bildenden Kunst und bei dem Instrumentenbau behandelt und Anregungen auf etwa 180 Abbildungen gegeben. Zum besseren Verständnis der Planetenwirksamkeiten wird die Entstehung der Planeten ausführlich anhand der Evolution Rudolf Steiners dargestellt. Auch die vegetabilischen Präparate sind nun mit eigeflossen.

2. erweiterte Auflage, 156 Seiten

Maria Thun®, Matthias K. Thun

ISBN 978-3-928636-48-3

9. „Kosmologische und Evolutionsaspekte zum «Landwirtschaftlichen Kurs» Rudolf Steiners". Ein Versuch, dem Praktiker die Durchführung der in diesem Kurs gegebenen Anregungen zu erleichtern und verständlicher zu machen.

240 Seiten

Maria Thun®

ISBN 978-3-928636-19-3

Die Abbildungen auf der Seite 54 und 55 sind auch als Reproduktionen, 32 x 45 cm bzw. 50 x 40 cm erhälltlich.

Aus befreundeten Verlagen:

10. „Der verrostete Ritter", Richard Volkmann Leander, Bilder von Walter Thun, Märchenbuch

Verlag Urachhaus, 20 Seiten

ISBN 978-3-87838-206-5

11. „Mein Jahr im Garten", 100 wertvolle Tipps zusammengestellt für den Hobbygärtner

Frankh-Kosmos-Verlag, 118 Seiten

Maria Thun®

ISBN 978-3-440-09880-6

Die Schriften auf S. 63/64 sind über den „Aussaattage-Verlag Thun & Thun OHG", Rainfeldstrasse 16, D-35216 Biedenkopf, Telefax 06461 4714, e-mail thunverlag@aussaattage.de, wie auch über den Fachhandel erhältlich, siehe auch www.aussaattage.de